F. DROUIN

L'ACÉTYLÈNE

PARIS

Charles MENDEL, ÉDITEUR

118 ET 118 bis, RUE D'ASSAS

—

1897

L'ACÉTYLÈNE

M. F. Drouin, *100, rue de Courcelles, à Levallois-Perret (Seine), recevra avec reconnaissance toute communication relative à l'acétylène ou à ses applications.*

F. DROUIN

L'ACÉTYLÈNE

PARIS

Charles MENDEL, Éditeur

118 ET 118bis, RUE D'ASSAS

1897

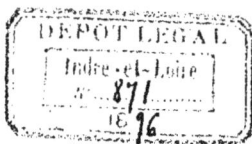

L'ACÉTYLÈNE

On désigne sous le nom de *carbures acétyléniques* une série de composés organiques dont la formule générale est

$$R - C \equiv CH,$$

c'est-à-dire qui comprennent dans leur molécule le groupement $- C \equiv CH$, uni à un radical monovalent quelconque, appartenant à la série grasse ou à la série aromatique.

Le plus simple de ces carbures est l'*acétylène*, dont la formule est C^2H^2, ou $H - C \equiv CH$.

La propriété caractéristique des carbures acétyléniques est de permettre la substitution d'un métal à l'atome d'hydrogène du groupe CH, et de former ainsi des *acétylures* métalliques.

L'acétylène est, de tous les hydrocarbures gazeux, le moins hydrogéné et le seul qui renferme un volume d'hydrogène égal au sien. Deux volumes d'hydrogène s'unissent en effet à deux volumes de vapeur de carbone pour deux volumes d'acétylène.

1

L'acétylène a été découvert, en 1836, par Edmund Davy[1], qui l'a obtenu dans des conditions tout à fait analogues au mode de préparation le plus récent.

Nous croyons intéressant de reproduire *in extenso* un article du *Journal de Pharmacie* (1837), relatant cette découverte, d'après le *Records of general Science* de novembre 1836.

« *Note sur le carbure de potassium, et sur un nouveau bicarbure d'hydrogène.* — Au mois de janvier 1836, l'auteur fit plusieurs expériences pour obtenir sur une grande échelle le métal de la potasse ; il exposa à une haute température, dans une bouteille de fer, un mélange préalablement chauffé de tartre et de charbon en poudre, variant les proportions du dernier depuis 1/10 jusqu'à 1/15 de la masse totale. Il obtint ainsi une substance d'un gris brun, plutôt molle que solide, quoique adhérente au fer et d'une texture grenue.

« Cette substance, mise dans l'eau, la décompose avec une grande facilité ; une matière charbonneuse s'en sépare avec dégagement abondant d'un gaz qui s'enflamme quelquefois à la surface, ainsi qu'on l'observe ordinairement avec le potassium dans les mêmes

---

[1] Notice on a new gaseous bicarburet of hydrogen, and of a peculiar compound of carbon and potassium, or carburet of potassium, etc.
Reports of the British Association for the Advancement of science, 1836, p. 62, 63, 64.
Records of general Science. IV, 1836, p. 321-323.

circonstances. L'analyse de ce gaz le montra composé
d'hydrogène et d'un nouveau bicarbure d'hydrogène à
volume presque égal. M. Davy regarde la substance en
question comme un mélange de potassium et de carbure de ce métal, le premier fournissant l'hydrogène,
et le dernier le gaz nouveau.

« En recueillant sur le mercure le nouveau gaz provenant de la décomposition de l'eau, on observe un cas
intéressant de combustion. Si l'on fait passer dans une
cloche pleine de mercure d'abord un peu d'eau, puis
quelques fragments de la nouvelle substance, le mercure descend le long du tube, les fragments deviennent
rouges de feu et présentent une succession de brillantes
étincelles. L'auteur regarde cette substance comme un
carbure de potassium. Elle n'offre aucune apparence de
cristallisation à l'œil nu ; mais, en l'examinant à l'aide
d'une forte loupe, il y reconnut de petites masses for-
mées par la réunion de prismes à quatre faces, exces-
sivement petits, tronqués sur leurs angles. Exposé à
l'air, le carbure de potassium se décompose ; une portion de carbone s'unit à l'hydrogène de l'eau pour former le nouveau bicarbure d'hydrogène, qui est le seul
produit gazeux, le reste se dégageant, tandis que l'oxygène de l'eau et le potassium forment la potasse. L'alcool
et l'essence de térébenthine agissent faiblement sur le
carbure, les acides au contraire avec beaucoup d'énergie ; chauffé au rouge dans des vaisseaux fermés, le
carbure éprouve une décomposition partielle ; le potas-

sium s'en sépare lentement, tandis que le carbone reste
d'un noir brillant. M. Davy regarde le carbure pur
comme un composé binaire d'une proportion de carbone et d'une de potassium. »

« *Nouveau carbure d'hydrogène.* — On obtient ce gaz
par l'action du carbure de potassium sur l'eau. Il est
éminemment inflammable, et, lorsqu'on l'allume au
contact de l'air, il brûle avec une flamme plus éclatante
et plus dense en apparence que celle du gaz oléfiant.
S'il n'y a pas grand excès d'air, la combustion du gaz est
accompagnée d'un dépôt considérable de charbon. Le
nouveau gaz, mis en contact avec le chlore gazeux,
donne lieu à une explosion instantanée, à une grande
flamme rouge ; il se dépose beaucoup de charbon. Ces
effets se manifestent dans l'obscurité, et sont par con-
séquent indépendants de l'action des rayons solaires ou
de la lumière.

« Le nouveau gaz peut être conservé sur le mercure
pendant un temps indéfini, sans éprouver de change-
ment apparent ; mais il est lentement absorbé par l'eau.
Ce liquide, récemment distillé, agité avec ce gaz, en
absorbe, à peu près son volume ; la chaleur l'en dégage
sans altération. Il est légèrement absorbé par l'acide
sulfurique, qu'il noircit. Il détone violemment avec
l'oxygène, surtout si ce dernier forme les trois quarts
au moins du mélange, et il ne se produit que de l'eau
et de l'acide carbonique.

« Il exige pour sa combustion complète deux fois et
demie son volume d'oxygène, dont deux volumes sont
convertis en gaz acide carbonique, et le restant en un
demi-volume d'eau. D'après l'analyse que l'auteur en a
faite, il paraît être composé d'un volume d'hydrogène
et de deux volumes de vapeur de carbone, condensés en
un seul. Sa densité est donc moindre de celle du gaz
oléfiant du poi^'s d'un volume égal d'hydrogène. C'est
en effet un bicarbure d'hydrogène composé de deux
proportions de carbone et d'une d'hydrogène, et il peut
être représenté par la formule 2C + H ; sa composition indique qu'il diffère de tout autre gaz connu. »

L'acétylène a joué un rôle fondamental dans l'histoire
de la chimie organique. La synthèse directe de ce gaz,
réalisée en 1860 par M. Berthelot, en partant de ses éléments (carbone et hydrogène), a permis en effet de
rattacher les composés de chimie organique aux corps
de la chimie minérale.

FORMATION DE L'ACÉTYLÈNE

M. Berthelot a obtenu l'acétylène par synthèse, c'est-à-dire par l'union directe du carbone avec l'hydrogène. La combinaison se produit à la température de l'arc électrique, et M. Berthelot opérait de la façon suivante:

Un œuf en verre était pourvu de quatre tubulures : deux de ces tubulures, en regard l'une de l'autre, laissaient passer, par deux presse-étoupes, deux tiges métalliques terminées à l'intérieur de l'œuf par des porte-charbons. Les deux tiges étaient mises en communication avec les deux pôles d'une forte batterie, de façon à ce que, par le rapprochement, puis l'éloignement des tiges, on puisse faire jaillir entre les charbons l'arc électrique. L'une des deux autres tubulures était mise en communication avec un appareil à hydrogène, l'autre avec une série de flacons contenant du chlorure cuivreux ammoniacal.

On commençait par faire passer le courant d'hydrogène pendant quelques minutes pour chasser l'air contenu dans l'œuf, puis on faisait jaillir l'arc. L'acétylène se formait aux dépens du charbon des électrodes, et

se combinait avec le chlorure de cuivre, pour donner
de l'acétylure de cuivre qu'il suffisait de chauffer avec
de l'acide chlorhydrique pour en dégager l'acétylène.

Afin de bien établir que l'acétylène était produit par
l'action directe de l'hydrogène sur le charbon, et non
pas par la décomposition de carbures d'hydrogène que
pourrait contenir ce dernier, M. Berthelot a employé
des charbons de cornue qu'il avait, au préalable, chauffés au rouge dans l'air, puis dans un courant de chlore,
et il s'est d'ailleurs assuré, en brûlant dans l'oxygène
un fragment de ce charbon, qu'il ne se produisait pas
d'eau. Il a d'ailleurs répété l'expérience avec diverses
espèces de charbons de provenance végétale ou minérale.

Dans l'expérience de M. Berthelot, la production
était d'environ 10 centimètres cubes par minute, et le
charbon entré en combinaison représentait la moitié
environ du charbon consommé.

On obtient un meilleur rendement en employant pour
l'une des électrodes un *tube* de charbon par lequel on
fait arriver l'hydrogène.

On peut se demander pourquoi cette réaction n'a lieu
qu'à la température de l'arc. L'acétylène est un gaz
endothermique, c'est-à-dire *formé avec absorption de
chaleur*, si l'on suppose la combinaison de l'hydrogène
avec le carbone solide. Mais, d'après M. Berthelot, la
réaction est exothermique et donne un dégagement de
chaleur de $+ 26^{cal},1$, si elle a lieu avec le carbone en
vapeur. Ainsi, le rôle de l'arc électrique consisterait

uniquement à vaporiser le charbon, qui, à l'état gazeux, doit se combiner à l'hydrogène.

M. Berthelot avait annoncé, dès 1865, que l'acétylène était un gaz endothermique.

En 1876, il a trouvé que la quantité de chaleur dégagée par la combustion de l'acétylène :

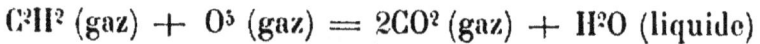

$$C^2H^2 \text{ (gaz)} + O^5 \text{ (gaz)} = 2CO^2 \text{ (gaz)} + H^2O \text{ (liquide)}$$

était de $+ 321$ calories, pour $C^2H^2 = 26$ grammes.

Ce chiffre a été obtenu par une méthode indirecte, dans laquelle l'acétylène était oxydé par le permanganate de potasse.

M. Thomsen, en brûlant directement l'acétylène dans l'oxygène, a obtenu des nombres compris entre 308 et 315.

Les chiffres précédents permettent de calculer la chaleur absorbée dans la formation de l'acétylène.

Elle est de $- 62$ calories, si l'on part du diamant, et de $- 58$ calories, si l'on part du charbon de bois.

L'acétylène étant un gaz endothermique, il était à prévoir que, si l'on pouvait le décomposer brusquement, il devait y avoir dégagement rapide de chaleur et, par suite, explosion. Pourtant, l'acétylène ne détone ni sous l'influence de la chaleur, ni sous l'action de l'étincelle électrique.

M. Berthelot a réussi, en 1881, à faire détoner l'acétylène sous l'action d'une capsule de fulminate de mercure. Il a introduit dans une éprouvette de verre,

à parois épaisses, 20 à 25 centimètres cubes d'acétylène et une cartouche minuscule, contenant 1 déci-
gramme de fulminate, qu'un fil de platine chauffé par
un courant électrique permet de faire détoner. Au
moment où le courant passe, il se produit une violente
explosion, avec une grande flamme dans l'éprouvette.
La décomposition s'effectue totalement, en carbone et
hydrogène. Le carbone se trouve à l'état amorphe,
noir et très divisé. La réaction est tellement instantanée que le papier qui entourait la petite cartouche est
déchiré, mais non brûlé. M. Berthelot en a déduit que

la durée de l'explosion serait de l'ordre du $\dfrac{1}{30.000.000}$
de seconde.

Le fait que l'acétylène est un gaz explosif pourrait
donner quelques appréhensions pour des applications
où de grandes quantités d'acétylène se trouvent dans
un même récipient. Mais il ne faut pas oublier que
cette explosion est assez difficile à provoquer ; il serait
intéressant de savoir, néanmoins, si l'explosion d'un
acétylure (l'acétylure de cuivre, par exemple) suffit
pour faire détoner l'acétylène, et si l'acétylène liquide
peut détoner comme l'acétylène gazeux. Enfin, il serait
à désirer également qu'on étudiât la propagation de
l'onde explosive, et qu'on connût exactement les pressions effectives développées par l'explosion.

PROPRIÉTÉS PHYSIQUES

Tension de vapeur. — L'acétylène est gazeux à la température ordinaire; mais il se liquéfie facilement par la compression.

L'acétylène liquide se solidifie par évaporation en donnant une neige que l'on peut enflammer et qui brûle sans résidu.

M. Cailletet (1877) a étudié la compressibilité de l'acétylène et constaté qu'il s'écarte de la loi de Mariotte. Il a réussi à le liquéfier sous les pressions suivantes :

TEMPÉRATURE	PRESSION
+ 1°	48 atmosphères
2,5	50 —
10	63 —
18	83 —
25	94 —
31	103 —

L'acétylène liquide est incolore, très mobile, très soluble dans l'eau, très réfringent. Il est plus léger que l'eau. Il dissout la paraffine et les matières grasses.

Si l'on détend de quelques atmosphères l'acétylène liquéfié dans l'appareil Cailletet, il s'évapore rapidement en donnant lieu à un épais brouillard.

Ansdell, qui a étudié également la liquéfaction de l'acétylène, a trouvé des chiffres très différents. Ce sont les suivants :

TEMPÉRATURE	PRESSION
	Atm.
— 23°	11,01
— 10	17,06
0	21,53
+ 13,5	32,77
20,15	39,76
31,6	56,20
36,9	67,96

D'après Ansdell, le point critique serait à 37°,05.

Plus récemment (1895), M. P. Villard a étudié à nouveau la liquéfaction et la solidification de l'acétylène produit par le carbure de calcium, et purifié. Il a fait plusieurs séries de mesures et obtenu des résultats concordants, avec des échantillons différents.

Voici les chiffres obtenus par cet expérimentateur.

TEMPÉRATURE	PRESSION
	Atm.
— 90° (acétylène solide)	0,69
— 85	1
— 81 (point de fusion)	1,25
— 70 acétylène liquide)	2,22
— 60	3,55
— 50	5,3
— 40	7,7
— 23,8	13,2
0	26,05
+ 5,8	30,3
+ 11,5	34,8
+ 15	37,9
+ 20,2	42,8

M. Villard explique les résultats différents obtenus par Ansdell, par la présence, dans l'acétylène employé, de produits plus facilement condensables, tels que l'éthylène chloré.

Les cristaux d'acétylène solide sont sans action sur la lumière polarisée.

La densité de l'acétylène liquide est 0,42.

SOLUBILITÉ. — M. Berthelot (1866) a trouvé pour la solubilité de l'acétylène dans les divers liquides, à la température d'environ 18°, les chiffres approximatifs suivants :

DISSOLVANTS	VOLUMES D'ACÉTYLÈNE dissous dans 1 volume de liquide
Eau	1
Sulfure de carbone	1
Hydrure d'amyle........................	1
Pétrole d'éclairage......................	1 1/2
Essence de térébenthine.................	2
Perchlorure de carbone	2
Alcool amylique	3 1/2
Styrolène	3 1/2
Chloroforme	4
Benzine...............................	4
Alcool absolu	6
Acide acétique cristallisable	6

M. Villard a obtenu pour le coefficient de solubilité de l'acétylène dans l'eau, à zéro et sous la pression de 4^{atm},65, le chiffre 1,6.

L'eau saturée de chlorure de sodium dissout 5 0/0 de son volume d'acétylène.

DENSITÉ. — La densité théorique de l'acétylène par rapport à l'air est 0,901. La densité trouvée par M. Berthelot est 0,92. Le poids théorique d'un litre de ce gaz est donc 1^{gr},165, et le poids réel 1^{gr},189.

En prenant comme coefficient de dilatation 0,0037, on trouve donc, pour le poids du litre d'acétylène aux di-

verses températures et aux diverses pressions les
chiffres suivants :

TEMPÉRATURES	PRESSIONS				
	73 cent.	74 cent.	75 cent.	76 cent.	77 cent.
0°	1,142	1,158	1,173	1,189	1,205
10	1,101	1,116	1,131	1,147	1,162
11	1,097	1,112	1,127	1,143	1,158
12	1,094	1,109	1,124	1,139	1,153
13	1,090	1,105	1,120	1,135	1,149
14	1,086	1,101	1,116	1,131	1,145
15	1,082	1,097	1,112	1,127	1,141
16	1,078	1,093	1,108	1,123	1,137
17	1,074	1,089	1,104	1,119	1,133
18	1,070	1,085	1,100	1,115	1,129
19	1,067	1,081	1,096	1,111	1,125
20	1,063	1,077	1,092	1,107	1,121
21	1,060	1,074	1,089	1,104	1,118
22	1,056	1,071	1,085	1,100	1,114
23	1,052	1,067	1,081	1,096	1,110
24	1,048	1,063	1,077	1,092	1,106
25	1,045	1,059	1,073	1,088	1,102

ODEUR. — L'acétylène est doué d'une assez forte
odeur, très désagréable. Celui qu'on prépare par le carbure de calcium, en particulier, est doué d'une odeur
qui rappelle celle des phosphures d'hydrogène. Il est
possible, du reste, que cette odeur soit due uniquement
à la présence d'une petite quantité de phosphure
d'hydrogène, provenant des impuretés du carbure de
calcium, car M. Moissan affirme, de son côté, que
l'odeur de l'acétylène pur est éthérée et très agréable.

Il est à remarquer que l'odeur désagréable de l'acétylène n'est pas très persistante.

SPECTRE. — MM. Berthelot et F. Richard ont étudié le spectre de l'acétylène (1869). L'acétylène, comme on sait, est décomposé par l'étincelle électrique, mais la décomposition s'arrête lorsque la proportion d'hydrogène a atteint une certaine valeur, variable suivant la pression. A la pression de $0^m,100$, la proportion d'acétylène dans le mélange est de 3,5 0/0, et, sous une pression de quelques millimètres, ce même mélange reste encore en équilibre. Le mélange sur lequel ont opéré les expérimentateurs ci-dessus, contenait 1,7 0/0 d'acétylène. Le tube excité et examiné au spectroscope donne une lumière rosée, renfermant les raies de l'hydrogène, celles du carbone et un grand nombre de bandes alternativement brillantes et obscures, depuis le jaune jusqu'au vert. Ces mêmes bandes se rencontrent d'ailleurs dans la vapeur de benzine dans l'hydrogène, ce qui s'explique, puisque le mélange de benzine et d'hydrogène, soumis à l'étincelle, donne de l'acétylène. MM. Berthelot et Richard considèrent ces bandes comme caractéristiques du spectre de l'acétylène; ils ont remarqué qu'elles n'apparaissent que sous une pression très faible; ils expliquent le fait qu'elles ne sont pas visibles sous la pression atmosphérique, en supposant qu'elles sont alors très dilatées et qu'elles empiètent l'une sur l'autre, donnant un spectre continu.

PROPRIÉTÉS CHIMIQUES

ACTION DE L'EAU. — M. Cailletet avait signalé, en 1878, la formation d'un hydrate d'acétylène, prenant naissance dans les mêmes conditions que celui de protoxyde d'azote et d'acide carbonique. M. Villard a retrouvé cet hydrate en 1888, et mesuré, en 1895, ses tensions de dissociation, qui sont les suivantes :

TEMPÉRATURE	PRESSION
	Atm.
0°	5,75
+ 4,6	9,4
+ 7	12
+ 9,6	16,4
+15	33

A + 16°, la tension de l'hydrate est la même que celle du gaz humide liquéfié.

La composition de cet hydrate serait

$$C^2H^2, 6H^2O$$

ACTION DES OXYDANTS [1]. — Le permanganate de potasse absorbe l'acétylène à la température ordinaire, pour donner de l'acide oxalique

$$C^2H^2 + 4O = C^2H^2O^4$$

Il se forme, en même temps, des traces d'acide formique et d'acide carbonique.

Si l'on abandonne pendant six mois un mélange d'acétylène et d'oxygène en présence de la potasse, on constate la formation d'acide acétique.

Un mélange d'acétylène et d'air s'enflamme et détone au contact d'un fil de platine ou d'argent à peine rouge. M. Bellamy a constaté à ce sujet une propriété curieuse : c'est que, alors que, dans ces conditions, l'inflammation a lieu avant que le métal soit porté à l'incandescence vive, le contraire a lieu si on emploie un fil de cuivre, c'est-à-dire que celui-ci, chauffé au rouge naissant dans un courant d'acétylène mélangé d'air, commence par devenir incandescent, et cette incandescence persiste plusieurs secondes avant d'enflammer le mélange. Le fer agit à peu près de la même façon, mais moins nettement toutefois. Le cuivre se comporte donc vis-à-vis de l'acétylène comme le platine vis-à-vis de l'hydrogène.

---

[1] Nous consacrerons un chapitre spécial à l'acétylène considéré comme combustible.

ACTION DE L'AZOTE. — L'acétylène se combine directement à l'azote sous l'influence des étincelles électriques, pour donner de l'acide cyanhydrique

$$C^2H^2 + 2Az = 2CHAz$$

Il se forme en même temps du charbon et de l'hydrogène, par suite d'une décomposition de l'acétylène, qui se produit en même temps. On peut l'éviter en ajoutant à l'acétylène dix fois son volume d'hydrogène.

ACTION DU SOUFRE. — L'acétylène chauffé sur du soufre donne du tiophène

$$2C^2H^2 + S = C^4H^4S$$

ACTION DU CHLORE, DU BROME, DE L'IODE. — L'acétylène se combine au chlore avec détonation, même à la lumière diffuse, pour donner de l'acide chlorhydrique et du charbon

$$C^2H^2 + Cl^2 = 2HCl + C^2$$

La réaction est d'ailleurs irrégulière, mais un mélange d'acétylène et de chlore se conserve sans altération dans l'obscurité.

M. Moissan a signalé une intéressante expérience de cours qui permet de montrer l'action du chlore sur

l'acétylène : elle consiste à verser au fond d'un flacon
une solution saturée de chlore et à y laisser tomber
quelques grains de carbure de calcium. On voit alors
les bulles d'acétylène s'enflammer en se dégageant.

Si, au lieu de faire agir l'acétylène sur le chlore
libre, on le met en présence du perchlorure d'antimoine (Berthelot et Jungfleisch, 1869), on obtient deux
chlorures

$$C^2H^2Cl^2 \quad \text{et} \quad C^2H^2Cl^4$$

Le perchlorure d'antimoine absorbe l'acétylène sec,
avec dégagement de chaleur, et il est nécessaire de
régler la réaction de façon à ce que le mélange se main-
tienne liquide, sans permettre un échauffement trop
grand ni, inversement, laisser la masse se solidifier.
Lorsque le réactif est presque saturé, on laisse refroi-
dir, et il se forme de beaux cristaux qui sont une
combinaison d'acétylène et de perchlorure d'antimoine

$$C^2H^2SbCl^5$$

Pour les purifier, on les égoutte, puis on les sèche
dans un courant d'acide carbonique.

Si l'on chauffe ce composé seul, il se décompose en
donnant du protochlorure d'acétylène et du protochlorure d'antimoine

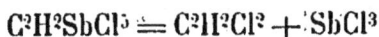

$$C^2H^2SbCl^5 = C^2H^2Cl^2 + SbCl^3$$

La réaction, une fois commencée, se continue d'elle-même, et il est nécessaire, pour éviter une trop grande élévation de température, de commencer avec une petite quantité de matière, et d'en ajouter au fur et à mesure de la réaction.

Si, au lieu de chauffer le composé antimonique seul, on le prend dissous dans le perchlorure d'antimoine, il se produit du protochlorure d'antimoine et du perchlorure d'acétylène. La réaction est plus violente encore :

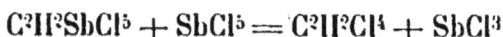

$$C^2H^2SbCl^5 + SbCl^5 = C^2H^2Cl^4 + SbCl^3$$

C'est cette réaction que MM. Berthelot et Jungfleisch ont employée, en pratique, pour préparer les deux chlorures, qu'on obtient ainsi mélangés. Lorsque la réaction est terminée, on lave à l'eau, on sèche, puis on sépare les deux chlorures par distillation fraction-née.

Le protochlorure d'acétylène est un liquide limpide, incolore, très fluide. Il bout vers 55°, et se décompose vers 360°, en charbon noir feuilleté, et acide chlor-hydrique. La réaction se fait en tube scellé.

Le perchlorure d'acétylène peut encore se préparer en faisant arriver l'acétylène dans le perchlorure d'antimoine chauffé, mais on risque alors des déto-nations.

Il bout à 147°. Chauffé à 180° avec de l'eau, il donne

de l'acide chlorhydrique. Chauffé seul à 300°, il donne
de l'éthylène trichloré et de l'acide chlorhydrique.
Chauffé à 360° pendant cent heures, il donne de l'acide
chlorhydrique et du chlorure de Julin.

L'acide chlorhydrique réagit sur l'acétylène pour
donner du chlorure d'éthylidène

$$CHCl^2 — CH^3$$

L'acétylène réagit énergiquement sur le brome en
vapeur, en donnant de l'acide bromhydrique, du perbromure d'acétylène et du perbromure d'acétylène
bromé, qui se forme en vertu de la réaction suivante
(Bourgoin, 1875):

$$C^2H^2Br^4 = HBr + C^2HBr^3$$

Ce composé peut aussi s'obtenir en faisant agir, en
vase clos, le brome (4^{cc},7) sur le perbromure d'acétylène (30 grammes). Il faut chauffer à 165° pendant
deux jours. On activerait la réaction en chauffant à une
température plus élevée, mais il se forme alors des
produits de substitution en quantité notable. Les cristaux sont égouttés, séchés dans du buvard, puis purifiés
par une nouvelle cristallisation dans l'alcool.

Ce perbromure est insoluble dans l'eau, soluble dans
l'alcool, l'éther, le sulfure de carbone. Il fond à 56, 57°,
et distille vers 200°.

Le brome peut donner, en outre, avec l'acétylène les composés suivants :

$$C^2H^2Br \text{ (Perrot)}$$
$$C^2H^2Br^4 \text{ (Perrot)}$$
$$C^2HBr$$
$$C^2H^3Br$$
$$C^2HBr^3 \text{ (Reboul)}$$

M. Berthelot a préparé le dibromure $C^2H^2Br^2$ en faisant passer un courant d'acétylène à travers du brome, sous l'eau.

Le tribromure d'éthylène C^2HBr^3, ou dibromure d'acétylène bromé C^2HBr. Br^2, possède la remarquable propriété de s'enflammer à l'air.

On l'obtient en faisant tomber du bromure d'éthylène bibromé $C^2H^2Br^4$ dans de la potasse alcoolique. Il se forme en même temps une petite quantité d'acétylène.

C'est un gaz liquéfiable à 3 atmosphères, soluble dans l'eau et très soluble dans l'éthylène bibromé.

L'acétylène, chauffé à 100° avec de l'acide bromhydrique concentré, donne naissance à un bromure gazeux ou très volatil qui reste mélangé avec l'excès d'acétylène, et qui, comme lui, est absorbé par le protochlorure de cuivre ammoniacal. M. Berthelot a attribué à ce composé la formule C^2H^3Br, et remarqué qu'il se forme un composé chloré analogue lorsqu'on prépare l'acétylène à l'aide de l'acétylure cuivreux, en présence d'un grand excès d'acide chlorhydrique...

L'iode ne se combine pas avec l'acétylène à la température ordinaire, même sous l'action de la lumière so-
laire; mais, si l'on chauffe pendant quinze à vingt heures
à 100°, il se forme de l'iodure d'acétylène cristallisé
$C^2H^2I^2$, fusible à 70°.

Une solution éthérée d'iode, agitée avec de l'acétylure
d'argent, donne par évaporation des cristaux jaunâtres
$C^3H^2I^4$, fusibles à 74°, et qui, chauffés avec de la potasse
alcoolique, laissent dégager de l'acétylène en donnant
des traces d'une huile qui est probablement de l'acétylène iodé C^2HI (Max Berend).

L'acide iodhydrique absorbe lentement l'acétylène à la
température ordinaire. Il se forme de l'iodure d'éthylidène $C^2H^4I^2$, liquide bouillant vers 182°, et dont la densité est d'environ 2.

L'iodure d'acétylène et l'iodure d'éthylidène, traités
par la potasse alcoolique, reproduisent l'acétylène.

ACTION DES MÉTAUX. — Le sodium, chauffé doucement
avec un excès d'acétylène, donne de l'acétylure de sodium et de l'hydrogène

$$C^2H^2 + Na = C^2HNa + H$$

Au rouge sombre, on obtient la réaction suivante :

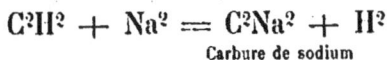

$$C^2H^2 + Na^2 = C^2Na^2 + H^2$$

Carbure de sodium

Ces deux composés, mis en contact avec l'eau,

donnent lieu à une réaction violente, avec dégagement d'acétylène.

Le carbure de potassium peut être produit de la même façon : si l'on fond le potassium en présence de l'acétylène, il se produit une explosion, et il se forme le carbure C^2K^2 qui, traité par l'eau, laisse dégager de l'acétylène.

Le cuivre, le fer, le cadmium, l'aluminium, le platine, le thallium, ne sont pas attaqués par l'acétylène.

C'est un point important, que les métaux usuels et leurs alliages (cuivre, fer, étain, plomb, bronze, laiton) ne soient pas attaqués par l'acétylène; il s'ensuit que les récipients destinés à le contenir peuvent être construits avec les matériaux ordinaires, et que les canalisations de gaz existantes peuvent être utilisées avec l'acétylène.

Le gaz d'éclairage contient une petite proportion d'acétylène, et, en 1839, Torrey a signalé l'existence, dans une conduite de gaz en cuivre, d'un composé qui contenait de ce métal, qui détonait à 200°, et qui était probablement l'acétylène cuivreux.

Bien que, depuis qu'on emploie l'acétylène industriellement, on n'ait jamais signalé une explosion dont la cause puisse être nettement attribuée à la présence d'un acétylure formé directement, il serait intéressant de reprendre des expériences précises sur ce point, et de déterminer les conditions dans lesquelles ces composés détonants se forment, si toutefois ils peuvent se former. Il paraît d'ailleurs impossible, en raison de la composition probable de l'acétylure de cuivre, que ce composé explosif se forme sans l'intervention d'un autre corps, chlore ou oxygène.

ACTION DE L'HYDROGÈNE. — L'hydrogène est sans action sur l'acétylène à la température ordinaire. Sous l'action de la chaleur, il se produit de l'éthylène en petite quantité. L'hydrogène naissant agit également pour donner de l'éthylène, en milieu alcalin. Si l'on fait agir, par exemple, un mélange de zinc et d'ammoniaque (qui dégage de l'hydrogène) sur l'acétylure de cuivre, on recueille, en même temps que de l'acétylène et de l'hydrogène, de l'éthylène en grande quantité. Pour recueillir l'éthylène ainsi produit, on fait passer les produits de la réaction dans du protochlorure de cuivre ammoniacal. L'acétylène entre en combinaison, l'éthylène est absorbé, et l'hydrogène se dégage. Il suffit de chauffer ensuite à l'ébullition pour faire dégager l'éthylène pur, l'acétylure de cuivre n'étant pas décomposé à cette température.

En présence du noir de platine, un volume d'acétylène absorbe deux volumes d'hydrogène pour donner de l'hydrure d'éthyle C^2H^6.

ACTION DE LA CHALEUR. — L'acétylène, chauffé, se polymérise en donnant la benzine C^6H^6. Cette réaction, étudiée par M. Berthelot en 1866, forme le lien entre les corps de la série grasse et ceux de la série aromatique.

Pour obtenir une certaine quantité de liquide, on opère de la façon suivante : l'acétylène est contenu dans une cloche courbe, sur la cuve à mercure. On chauffe à une température voisine de la fusion du verre, et on ajoute de l'acétylène au fur et à mesure de sa condensation. La benzine n'est pas le seul produit de la réaction ; mais elle constitue la moitié environ du liquide obtenu. Il se forme en même temps du diacétylène, du styrolène, du rétène, de la naphtaline, des composés fluorescents, etc.

Cette réaction explique pourquoi, dans la décomposition des hydrocarbures par la chaleur rouge, il se forme toujours de la benzine en même temps que l'acétylène. L'acétylène retient même de la benzine après qu'il a passé par la combinaison cuivreuse. M. Berthelot l'a montré en agitant un litre de cet acétylène avec 3 ou 4 centimètres cubes d'acide nitrique fumant. Il se forme un peu de nitro-benzine, facile à caractériser. La quantité contenue est d'ailleurs très faible, car l'expérience ne réussit pas avec moins d'un quart de litre d'acétylène. L'acétylène, après avoir été traité par l'acide nitrique, peut être de nouveau combiné avec le protochlorure de cuivre, puis dégagé par l'acide chlorhydrique. On constate qu'alors il ne renferme plus trace de benzine. M. Berthelot a d'ailleurs reproduit la synthèse de la benzine avec de l'acétylène ainsi purifié.

L'action de la chaleur sur l'acétylène varie suivant les corps en présence. Chauffé, par exemple, avec du coke éteint sous le mercure, il se décompose en ses éléments, hydrogène et charbon.

Chauffé au rouge sombre en présence du fer, il donne du charbon, de l'hydrogène et des hydrocarbures liquides qui paraissent différents de ceux qu'on obtient par la chaleur seule.

MM. H. Moissan et Ch. Moureux (1896) ont constaté que, si l'on fait passer à froid un courant d'acétylène sur du fer, du nickel ou du cobalt pyrophoriques, c'est-à-dire obtenus par réduction de l'oxyde à température aussi basse que possible, il y a décomposition de l'acétylène avec incandescence du métal. Il se produit du charbon, de l'hydrogène et une petite quantité de carbures pyrogénés. Le noir de platine, la mousse de platine et l'amiante platinée donnent lieu au même phénomène.

ACTION PHYSIOLOGIQUE DE L'ACÉTYLÈNE

L'acétylène est un gaz toxique. Dès 1868, MM. Bistrow et Liebreich ont constaté qu'il se combine à l'hémoglobine du sang, en formant une combinaison analogue à celle que forme l'oxyde de carbone, mais moins stable.

En 1887, M. Brocinier a trouvé que le sang dissout 80 0/0 environ de son volume d'acétylène, qu'il perd quand on le soumet ensuite au vide. Il en a conclu que, s'il y a combinaison de l'acétylène avec l'hémoglobine, cette combinaison était très instable. Le même auteur a constaté que la toxicité de l'acétylène était faible, et que des animaux pouvaient rester pendant plusieurs heures dans une atmosphère très chargée d'acétylène.

Tous ceux qui ont eu occasion de manipuler l'acétylène savent d'ailleurs qu'on peut impunément en respirer d'assez grandes quantités, mais il importait de connaître la limite au-delà de laquelle il offrait un danger sérieux.

A cet effet, M. Gréhant a entrepris, en 1895, une série d'expériences, au cours desquelles il a fait respirer à divers animaux (chiens, cobayes) des mélanges d'air,

d'acétylène et d'oxygène, dans lesquels la dose d'acétylène a varié de 20 à 79 0/0, la quantité d'oxygène ajouté
étant telle, la proportion totale d'oxygène restait la
même que dans l'air (20,8 0/0). Il en a conclu qu'il
n'était toxique qu'à des doses élevées, comprises entre
40 et 79 0/0. Le gaz se retrouve d'ailleurs dans le sang.

M. Gréhant a également comparé la toxicité de
l'acétylène à celle du gaz d'éclairage et trouvé que ce
dernier est beaucoup plus toxique, par suite de la proportion assez élevée (7 0/0) d'oxyde de carbone qu'il
renferme. Un chien, introduit dans une atmosphère
contenant 115 litres d'air, 5ᵐ,3 d'oxygène et 20 litres de
gaz d'éclairage, donne des signes d'agitation au bout de
trois minutes, et mourait quelques minutes après si
l'on prolongeait l'expérience. L'animal, par contre,
reste calme pendant plus d'une demi-heure dans une
atmosphère à 20 0/0 d'acétylène.

M. Berthelot explique, par la formation d'acétylène,
l'odeur particulière des pièces où l'on brûle du gaz.
En 1866, il ajoutait, à la suite d'une expérience faite
par lui et M. A. Moreau, que « cependant l'acétylène
versé dans l'atmosphère n'exerce pas par lui-même une
action physiologique spécialement pernicieuse, » ou, du
moins, que son action toxique n'est pas plus marquée
que celle des carbures d'hydrogène ordinaires. Toutefois, comme il se rencontre dans les combustions
incomplètes, il arrive que celles-ci dégagent générale-
ment de l'oxyde de carbone, gaz éminemment toxique.

RÉACTIF DE L'ACÉTYLÈNE

Le réactif de l'acétylène est le sous-chlorure de cuivre ammoniacal, dans lequel il donne un précipité rouge marron caractéristique.

Il donne, de même, avec l'azotate d'argent ammoniacal un précipité blanc.

Le précipité d'acétylure de cuivre n'est pas très bien défini ; il paraît résulter de la substitution de Cu^2Cl à un atome d'hydrogène de C^2H^2 ; sa formule serait donc

$$C^2HCu^2Cl$$

La combinaison d'argent paraît mieux définie ; sa formule est

$$C^2HAg$$

Ces corps sont très avides d'oxygène. L'acétylure de cuivre détone par la chaleur entre 95 et 120°.

Il détone également en présence du chlore, du brome ou de l'iode.

A l'aide de l'acétylure cuivreux, M. Berthelot a pu

déceler la présence de 1/10000 d'acétylène, soit 1/200 de milligramme dans 50 centimètres cubes d'hydrogène. Dans 50 centimètres cubes d'air, il a pu obtenir la réaction avec 1/100 de milligramme. Ainsi, le chlorure cuivreux absorbe l'acétylène plus rapidement que l'oxygène ; mais, l'oxydation se poursuivant, le précipité formé ne tarde pas à disparaître.

Les acétylures de cuivre et d'argent ont été découverts par M. Quet[1] et M. Loir (1858), qui les ont obtenus en faisant passer dans une dissolution ammoniacale de chlorure de cuivre ou de chlorure d'argent les produits de la décomposition de l'alcool par la chaleur ou par l'étincelle électrique.

Ils ont obtenu ainsi des corps détonant sous l'influence d'un choc ou sous l'influence de la chaleur.

Ils ont constaté également que, chauffés avec de l'acide chlorhydrique, ils laissent dégager un gaz qui brûle avec une flamme éclairante, en donnant de l'acide carbonique.

Cette réaction, employée, comme nous l'avons vu, pour purifier l'acétylène, est probablement la suivante :

$$(CH \equiv C)\text{-}Cu^2Cl + HCl = C^2H^2 + 2CuCl$$

[1] *Comptes rendus de l'Académie des Sciences*, t. XLVI, p. 205. .

PRÉPARATION DE L'ACÉTYLÈNE

Le gaz d'éclairage contient quelques dix-millièmes d'acétylène. M. Berthelot, qui a signalé ce fait en 1862, a fait remarquer que cette proportion suffisait pour jouer un rôle, tant au point de vue des propriétés éclairantes qu'au point de vue de l'odeur.

Le mode de préparation actuel de l'acétylène par le carbure de calcium et l'eau est dû à Wœhler (1862), qui obtenait ce carbure en calcinant avec du charbon l'alliage de zinc et de calcium.

Mais, avant que le carbure de calcium fût devenu un produit industriel, le mode de préparation le plus pratique consistait à recueillir l'acétylène dans les produits de la combustion incomplète du gaz d'éclairage.

L'acétylène se produit, en effet, dans la plupart des combustions incomplètes.

On peut montrer qu'il s'en produit dans la combustion de l'éther, en versant dans une éprouvette d'abord un peu d'éther, puis quelques gouttes de chlorure cuivreux ammoniacal. On allume ensuite la vapeur d'éther à l'orifice de l'éprouvette, et on tourne celle-ci entre les doigts, de façon à ce que le liquide lèche les parois. On voit bientôt celle-ci se recouvrir du précipité rouge caractéristique.

De même, si au-dessus de la flamme d'un bec Bunzen qui brûle intérieurement, on renverse un ballon, et qu'on verse ensuite dans ce ballon un peu de la solution cuivreuse, on voit immédiatement se déposer sur les parois le même précipité.

De Wilde[1] avait constaté, en 1864, que la combustion incomplète de l'éthylène donne de l'acétylène. Ce fait a été généralisé par M. Berthelot, qui l'a obtenu, en outre, dans la combustion incomplète de l'éther chlorhydrique, du propylène, de l'éther méthylique, du méthane, de l'éther, de l'amylène, de l'hydrure d'amylène, de la benzine, de l'acétone, de l'éther méthylformique, du gaz d'éclairage, de l'essence de térébenthine, du pétrole, de l'huile végétale, de l'acide stéarique, de la naphtaline.

Mais il ne s'en produit pas avec un mélange d'oxyde de carbone et d'hydrogène, ni avec de l'hydrogène chargé de poussière de charbon ou dirigé sur un crayon de charbon.

L'action de la chaleur rouge, celle de l'étincelle électrique, donnent les mêmes résultats que la combustion incomplète.

Si l'on fait passer, dans du gaz des marais, une série

---

[1] *Bulletin de l'Académie royale de Belgique*, 2ᵉ série, t. XIX, n° 1, 1865.

d'étincelles électriques, on constate un dépôt de charbon et une augmentation de volume du gaz. Toutefois, le volume ne double pas comme cela aurait lieu si le gaz se décomposait en ses éléments hydrogène et charbon. Ce fait tient à la présence d'une certaine quantité d'acétylène [1] dans les produits de la réaction. Si l'on absorbe l'acétylène formé et qu'on continue l'action des étincelles, on peut arriver ainsi à obtenir 39 volumes d'acétylène pour 100 volumes de gaz des marais.

En 1868, M. Berthelot considérait ce procédé comme le plus pratique pour préparer l'acétylène : il faisait passer lentement le gaz des marais, ou, plus simplement, du gaz d'éclairage, dans un tube étroit sillonné par les étincelles, et absorbait par le réactif cuivreux le produit de la décomposition.

M. Berthelot a reconnu la présence de l'acétylène dans l'électrolyse de l'aconitate et du benzoate de potasse ; M. Bourgoin l'a trouvé dans celle du succinate de potasse. Il semble ainsi que toutes les oxydations incomplètes, qu'elles aient lieu d'ailleurs à chaud ou à froid, donnent de l'acétylène.

M. Kékulé l'a obtenu mêlé avec de l'acide carbonique, par l'électrolyse du fumarate et du maléate de calcium.

----

[1] S'il se produisait uniquement de l'acétylène, le volume devrait quand même doubler, mais il se produit en même temps des polymères (benzine, etc.). La réaction transforme en acétylène la moitié environ du gaz; 3/8 forment des carbures condensés, et 1/8 se décompose en carbone et hydrogène.

PRÉPARATION PAR LA COMBUSTION INCOMPLÈTE DU GAZ
D'ÉCLAIRAGE. — Ce procédé a été, jusqu'à ces dernières
années, le plus employé pour la préparation d'une certaine quantité d'acétylène.

En 1868, M. Rieth, en faisant passer dans une solution d'argent ammoniacale les produits de la combustion
d'un bec Bunsen brûlant
intérieurement, recueillait
en douze heures environ
100 grammes d'acétylure
d'argent.

Lorsqu'on recueille l'acétylène à l'état d'acétylure de
cuivre, il est important que
les produits aspirés ne con-
tiennent pas d'air, afin d'éviter l'oxydation du proto-
chlorure.

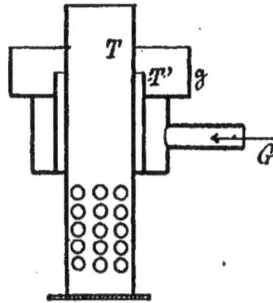

FIG. 1.
Appareil de M. Jungfleisch.

M. Jungfleisch (1880) a imaginé un appareil qui réa-
lise cette condition, et dans lequel on brûle en quelque
sorte l'air dans le gaz d'éclairage, de sorte que ce dernier est toujours en excès.

Le brûleur de cet appareil (*fig.* 1) se compose d'un
tube cylindrique T terminé, à la partie inférieure, par
des ouvertures qu'une virole permet de fermer. Ces
ouvertures servent au passage de l'air. Le gaz arrive en
G, dans une chambre cylindrique d'où il entre, par une
série d'ouvertures, dans un espace annulaire compris

entre T et T'. Une galerie *g* supporte un verre de
30 centimètres de longueur à l'intérieur duquel s'effectue la combustion. Quelques gouttes d'huile, versées
dans la galerie à la base du verre, assurent l'étanchéité.

Une trompe aspire les produits de la combustion qui,
avant de traverser le protochlorure de cuivre, passent
dans un serpentin où ils abandonnent la vapeur d'eau.

On maintient à l'intérieur du verre un léger excès de
pression pour éviter toute rentrée d'air. A cet effet, la
cheminée est surmontée d'un petit tube, par où doit
toujours s'échapper une partie des produits de la combustion. Un petit brûleur les maintient allumés, et la
couleur de la flamme sert d'indication sur la marche
de l'appareil. Cette flamme doit être jaune pâle et brûler difficilement. Le mélange gazeux refroidi contient
environ 3/100 de son volume d'acétylène. Il est recueilli
dans plusieurs flacons successifs. A la sortie du réfrigérant, on intercale un flacon vide, qui évite les
brusques variations de pression et permet d'avoir une
flamme régulière. La production est d'environ 15 litres
à l'heure.

PRÉPARATION PAR LE CARBURE DE BARYUM. — M. L. Maquenne (1892) a indiqué un mode de préparation de
l'acétylène qui consiste à faire agir le carbure de
baryum sur l'eau.

Le carbure de baryum est obtenu en faisant agir le
magnésium sur les carbonates ou les oxydes alcalins

terreux, en présence du charbon. Le métal mis en
liberté se combine au carbone. Toutefois, il n'est guère
possible d'employer la baryte elle-même, qui renferme
des impuretés et donne en même temps de l'azoture,
du cyanure et de l'hydrure de baryum, et qui, par suite,
fournit de l'acétylène mélangé d'hydrogène et d'ammoniaque : on emploie le carbonate de baryum.

On mélange 26 grammes de carbonate de baryum
précipité avec $10^{gr},5$ de magnésium en poudre et
4 grammes de charbon de cornue préalablement calciné
dans un creuset de platine. On met le tout dans une
bouteille en fer de 700 centimètres cubes environ de
capacité, prolongée par un tube de fer de 2 centimètres
de diamètre et de 30 centimètres de long. Le tout est
porté dans un four Perrot, chauffé d'avance au rouge
vif. La réaction se produit au bout de quatre minutes; il
se forme une gerbe d'étincelles jaunes. On refroidit
ensuite l'appareil dans l'eau, après avoir fermé l'extrémité du tube. La réaction qui s'est produite est la
suivante :

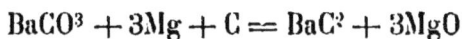

$$BaCO^3 + 3Mg + C = BaC^2 + 3MgO$$

La masse contient environ 38 0/0 de carbure de
baryum. C'est un corps poreux, léger, très friable, gris
et amorphe. Il se conserve dans l'air sec.

Mis en contact avec l'eau, 100 grammes de la matière
obtenue plus haut laissent dégager 52 à 54 litres d'un

gaz qui contient 97 à 98 0/0 d'acétylène et 2 à 3 0/0 d'hydrogène.

M. Maquenne a constaté que les carbonates de strontium et de calcium, traités de la même façon, donnent aussi des carbures, « mais la proportion d'acétylène qu'ils fournissent ultérieurement est très inférieure à celle que donne le carbonate de baryum, parce que leur réduction reste toujours incomplète [1] ».

Préparations diverses. — M. V. Sawitsch [2] (1861) a préparé l'acétylène à l'aide de l'éthylène monobromé C^2H^3Br, qu'il a traité par la potasse alcoolique. C'est un mode de préparation général des carbures acétyléniques.

Il l'a également préparé, en plus grandes quantités, en faisant agir l'amylate de sodium sur l'éthylène monobromé

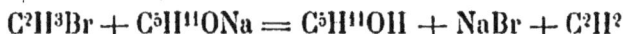

$$C^2H^3Br + C^5H^{11}ONa = C^5H^{11}OH + NaBr + C^2H^2$$

M. Berthelot l'a obtenu en faisant passer des vapeurs de chloroforme dans un tube rempli de cuivre et chauffé au rouge.

Kletzinski et Fitting l'ont obtenu par l'action de l'amalgame de sodium sur le chloroforme.

M. Cazeneuve a préparé l'acétylène en faisant agir la

[1] *Comptes rendus de l'Académie des Sciences*, t. 115, p. 558.
[2] *Comptes rendus de l'Académie des Sciences*, t. 52, p. 158.

poudre d'argent humide sur l'iodoforme, ou sèche sur le bromoforme (1891).

Cinquante grammes de poudre d'argent, mis en présence de 10 grammes de bromoforme, donnent un dégagement abondant d'acétylène.

Le mode de préparation pratique par ce procédé consiste à mettre en présence 50 grammes de poudre de zinc, 20 grammes de bromoforme, et une solution de chlorure de cuivre à 2 0/0. Le zinc seul ne produit la décomposition que lentement, et la présence du chlorure de cuivre n'a pour effet que de former un couple zinc-cuivre qui active la réaction.

LE CARBURE DE CALCIUM

Le mode de préparation actuel consiste à traiter le carbure de calcium par l'eau.

Bien que cette réaction fût connue depuis longtemps, elle n'était pas applicable en pratique, les carbures métalliques étant des corps relativement rares. Le four électrique a permis de préparer par quantités le carbure de calcium, et à l'aide de corps qui se trouvent à très bas prix, le coke et la chaux.

M. Moissan a signalé sa formation en présentant à l'Académie des Sciences son four électrique, le 12 décembre 1893 : « Dès que la température est voisine de 2500°, la chaux, la strontiane, la magnésie, cristallisent en quelques minutes. Si la température atteint 3000°, la matière même du four, la chaux vive, fond et coule comme de l'eau. A cette même température, le charbon réduit avec rapidité l'oxyde de calcium et le métal se dégage en abondance. Il s'unit avec facilité au charbon des électrodes pour fournir un carbure de calcium, liquide au rouge, qu'il est facile de recueillir. »

Ce mode de préparation du carbure a été appliqué

pour la première fois sur une grande échelle, en
Amérique, par M. T.-L. Wilson.

La priorité de préparation électrique du carbure de
calcium a été revendiquée en 1895 à la Réunion générale
de la Société électrochimique allemande par le Dr Bor-
chers, qui a montré un appareil à l'aide duquel il aurait
obtenu le carbure de calcium presque dix ans aupara-
vant. Cet appareil est formé d'une sorte de foyer réfrac-
taire à travers les parois duquel passent deux charbons
de 40 millimètres de diamètre. A l'intérieur du foyer,
ces deux charbons sont réunis par un charbon plus petit
(de 4 millimètres de diamètre et 40 millimètres de longueur). Un mélange de chaux et de charbon remplit le
foyer. Le courant est de 90 ampères sous 12 volts. Il
peut être continu ou alternatif. L'action n'est pas électrolytique, l'effet du courant étant simplement de
chauffer la chaux à la température à laquelle elle est
réduite par le charbon. On peut le montrer en réduisant
la longueur de la petite tige de charbon de façon à
n'avoir qu'une différence de potentiel de 1 volt, sous
laquelle l'électrolyse n'est évidemment pas possible.

Le carbure de calcium pur renferme 62,5 0/0 de calcium et 37,5 0/0 de carbone.

M. Moissan a étudié, en 1894, ses propriétés et l'a
préparé au four électrique de la façon suivante :

On mélange intimement 120 grammes de chaux de
marbre et 70 grammes de charbon de sucre. Ce mélange,
soumis pendant quinze à vingt minutes à un courant

de 350 ampères sous 70 volts, fournit 120 à 150 grammes de carbure de calcium fondu

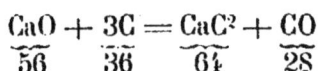

$$CaO + 3C = CaC^2 + CO$$
$$\underbrace{56} \quad \underbrace{36} \quad \underbrace{64} \quad \underbrace{28}$$

Le mélange employé doit donc théoriquement contenir en poids 60,87 0/0 de chaux et 39,13 0/0 de carbone.

La chaux peut être remplacée par le carbonate de chaux

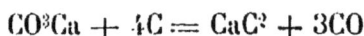

$$CO^3Ca + 4C = CaC^2 + 3CO$$

La densité du carbure, prise dans la benzine à 18°, est 2,22.

C'est un corps très dur, d'apparence vitreuse; sa cassure ressemble à celle du silex. Son odeur est désagréable, et rappelle celle du phosphure de calcium.

Il est insoluble dans le sulfure de carbone, dans le pétrole et dans la benzine.

L'hydrogène ne l'attaque ni à chaud ni à froid.

Le chlore ne l'attaque pas à la température ordinaire. A 245°, il agit sur le carbure en le portant à l'incandescence et en donnant du chlorure de calcium et du charbon. Le brome agit de même à 350°; l'iode, à 305°.

Le carbure de calcium brûle au rouge sombre dans l'oxygène, en donnant du carbonate de chaux. Dans la vapeur de soufre, il brûle vers 500° en donnant du sulfure de calcium et du sulfure de carbone.

L'azote est sans action.

Le phosphore le transforme en phosphure de calcium au rouge.

Le silicium et le bore ne l'attaquent pas.

La plupart des métaux sont sans action sur lui ; le fer donne toutefois, à haute température, un alliage carburé de fer et de calcium. L'antimoine donne également au rouge un alliage carburé.

La vapeur d'eau, au rouge sombre, agit moins rapidement que l'eau à froid. Il se forme de l'hydrogène et de l'acétylène, et le carbure se recouvre d'une couche de charbon et de carbonate.

Le carbure s'attaque dans l'air humide, et il est nécessaire de le conserver dans des vases fermés.

Les acides sulfurique, azotique, iodhydrique, agissent d'autant plus énergiquement qu'ils sont plus étendus.

Le gaz acide chlorhydrique sec est vivement attaqué en donnant un mélange gazeux très riche en hydrogène.

L'acide chromique fondu devient incandescent au contact du carbure, et donne de l'acide carbonique. L'acide chromique en solution réagit pour donner uniquement de l'acétylène.

Le carbure de calcium, broyé avec du fluorure de plomb à la température ordinaire, devient incandescent.

Chauffé à 180° en tube scellé avec de l'alcool, il donne de l'acétylène, et de l'éthylate de calcium

$$2(C^2H^5OH) + C^2Ca = C^2H^2 + (C^2H^5O) Ca$$

M. Moissan a pu préparer au four électrique, de la même façon que le carbure de calcium, les carbures de baryum C^2Ba et de strontium C^2Sr.

La densité du carbure de baryum est 3,75; celle du carbure de strontium, 3,19. Tous deux, mis en contact avec l'eau, donnent également de l'acétylène.

M. de Forcrand (1895) a étudié les chaleurs de formation des carbures de calcium et de sodium, et a trouvé les chiffres suivants :

$$
\begin{array}{llll}
C^2 \text{ diam.} & + Ca \text{ sol.} & = CaC^2 \text{ sol.} & - 7^{cal},25 \\
C^2 \text{ amorphe} & + Ca \text{ sol.} & = CaC^2 \text{ sol.} & - 0^{cal},65 \\
C^2 \text{ gazeux} & + Ca \text{ sol.} & = CaC^2 \text{ sol.} & + 76^{cal},95 \\
C^2 \text{ diam.} & + Na^2 \text{ sol.} & = Na^2C^2 \text{ sol.} & - 9^{cal},76 \\
C^2 \text{ amorphe} & + Na^2 \text{ sol.} & = Na^2C^2 \text{ sol.} & - 2^{cal},96 \\
\end{array}
$$

On voit qu'une seule de ces réactions est exothermique : c'est celle où le carbone est supposé pris à l'état de vapeur. Ces conditions sont celles du four électrique.

Le carbure de calcium est actuellement fabriqué par diverses usines, en France et à l'étranger.

L'usine de Froges en produit environ 300 kilogrammes par jour; les usines suisses en produisent près de 2 tonnes. L'usine de Spray, en Amérique, peut en produire environ 1 tonne; enfin, les usines de Niagara auront des fours de 1000 chevaux, susceptibles de donné une production de 3 à 4 tonnes de carbure.

A Froges, le four employé se compose d'un creuset cubique en graphite, mis en communication avec l'un des pôles de la machine. L'autre pôle communique avec un prisme de charbon, que l'on peut entrer plus ou moins dans le creuset. Le mélange de chaux et de charbon est introduit dans le creuset, et l'électrode mobile est réglée en se basant sur le dégagement d'oxyde de carbone. A la fin de l'opération, on coule le carbure liquide par une ouverture pratiquée à la base du creuset.

La figure 2 représente l'un des premiers appareils employés par M. Wilson (1894). La matière à traiter est contenue dans un creuset G, en graphite, contenu dans un four R, en briques réfractaires. La partie inférieure est formée par une plaque

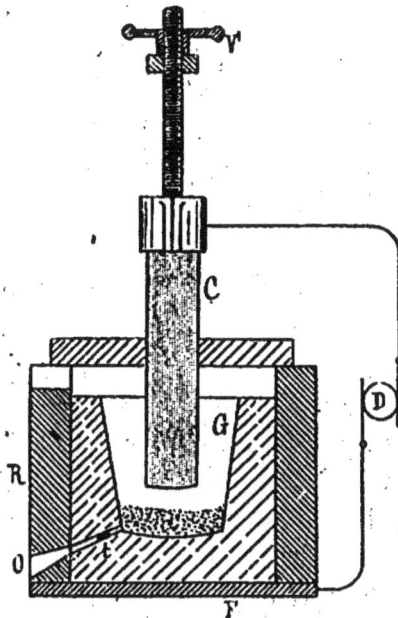

Fig. 2. — Appareil de M. Wilson.

de fonte F, qui sert à amener le courant d'une dynamo D. L'autre pôle de la dynamo est en communication avec un charbon C, qu'un volant V permet de monter ou d'abaisser. Une ouverture O, fermée par un tampon t d'argile ou d'alumine, sert à la coulée à la fin de l'opération.

L'usine de Spray (Caroline du Nord) exploite actuellement les procédés de M. Wilson, et comprend deux alternateurs Thomson Houston de 120 kilowatts chacun, mis en mouvement par des turbines. Des transformateurs abaissent à 100 volts la tension qui est de 1.000 volts aux génératrices.

Les fours sont construits en briques, formés par des portes en fonte. Leur base a une longueur de 90 centimètres, et une largeur de 75 centimètres. La partie supérieure forme une cheminée pour l'évacuation des gaz. L'électrode inférieure est formée de charbons de 15 à 20 centimètres d'épaisseur, reposant sur une plaque de fer. L'électrode supérieure est constituée par six charbons de 90 centimètres de long, suspendus à une poulie.

Il y a deux fours, qui travaillent alternativement, de façon à assurer une utilisation continue des machines.

Le coke et la chaux, qui constituent les matières premières, sont pulvérisés finement et mélangés. On en introduit d'abord une petite quantité sur l'électrode inférieure, puis on établit le courant. La longueur de l'arc est d'environ 78 millimètres. L'ouvrier la règle de façon à maintenir une intensité d'environ 1.600 ampères sous 100 volts. On ajoute du mélange au fur et à mesure de la transformation, et jusqu'à ce que l'électrode supérieure soit à bout de course. La partie du mélange non attaquée est employée dans une opération suivante.

L'une des usines les plus importantes pour la fabri-

cation du carbure de calcium est celle de Niagara, qui
dispose d'une puissance de 1.000 chevaux et qui comprend quatre fours, dont deux peuvent être alimentés
simultanément. Ces fours sont analogues aux précédents, mais de plus grandes dimensions, chacun
pouvant produire plus de 2 tonnes de carbure par
jour.

Le courant provenant du transformateur traverse une
bobine de réaction, pour éviter la surcharge de la
dynamo au commencement de l'opération. Le réglage
du courant se fait en surveillant l'ampèremètre, et doit
avoir lieu toutes les deux ou trois minutes. Il n'y a pas
intérêt à prolonger l'opération au-delà de deux ou trois
heures, autrement dit à produire de grandes quantités
de carbure à la fois, car la résistance du carbure est relativement grande; et il est bon d'arrêter l'opération lorsqu'on a obtenu une colonne de 60 centimètres à 2 mètres
de haut, suivant la dimension du four.

A Niagara, chaque creuset électrique est porté sur un
wagonnet, ce qui permet de l'enlever aussitôt l'opération finie, et de le remplacer par un autre, de façon à
utiliser le mieux possible les machines.

L'électrode mobile de chacun de ces fours de 500 chevaux est formée de six barres de charbon de $1^m,20$ de
long, 10 centimètres d'épaisseur, 20 centimètres de largeur à la partie inférieure, et 10 à la partie supérieure.
Ces charbons et leurs pinces sont équilibrés par un
contrepoids pour faciliter la manœuvre. Lorsque l'arc

est établi, on laisse couler peu à peu le mélange de charbon et de chaux, contenu dans un réservoir à un niveau supérieur à celui du four.

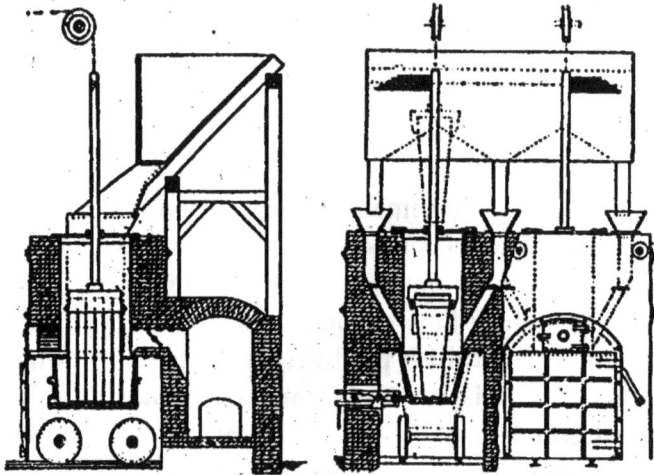

Fig. 3. Fig. 4.

Fours à carbure de l'usine de Niagara.

Les figures 3 et 4 représentent ces fours, d'après l'*Electrical World*.

*

MM. Houston et Kennelly ont étudié les conditions de fabrication du carbure de calcium à l'usine de Spray.

La production est d'environ 4 kilogrammes de carbure par cheval et par vingt-quatre heures.

En opérant sur une masse de 892 kilogrammes de matière, pendant deux heures quarante minutes, et avec une dépense totale d'énergie de 388 kilowatts-heures fournis au four, les expérimentateurs ont obtenu :

Carbure de calcium brut...........	92 kilogrammes
Matière non attaquée..............	685 —

Les 892 kilogrammes de matière employée avaient donné à l'analyse :

Chaux	54,5 0/0
Charbon	35,97
Matières étrangères, humidité, etc.........	9,53
TOTAL...............	100,00

La matière non attaquée conservait à peu près la même composition ; elle avait seulement perdu un peu de charbon.

Enfin, les 92 kilogrammes de carbure brut étaient enveloppés de 4^{k},5 de scories, laissant ainsi 87^{k},5 de carbure net.

L'usine de Spray peut produire 1 tonne (907 kilogrammes) de carbure brut par jour, et les dépenses

4

correspondantes sont à peu près les suivantes :

Matières premières	69 fr. 25
Main-d'œuvre....................	55 »
Énergie électrique	16 85
Divers, huile, chiffons, etc.................	2 05
Impôts......................................	1 15
Intérêt du capital engagé dans l'installation..	8 15
Dépréciation et entretien des machines (5 0/0).	6 05
Entretien des transmissions, bâtiments, etc..	2 40
Entretien des fours	0 10
TOTAL...............	161 fr. »

Ainsi, le kilogramme de carbure brut reviendrait à 0 fr. 177.

On remarquera que la dépense d'électricité n'entre que pour 1/10 environ dans le prix total, mais il est juste d'ajouter qu'elle est calculée sur un taux extrêmement faible, puisqu'elle est fournie par une chute d'eau. Dans une usine ordinaire à vapeur, si l'on compte 0 fr. 08 le prix du cheval-heure, on trouve que les 388 kilowatts-heures nécessaires à la production de 87^{kg},5 de carbure coûteraient 42 francs, soit 0 fr. 48 le kilogramme, de sorte qu'il paraît difficile d'envisager la production du carbure comme un moyen d'utilisation des usines électriques pendant la journée.

Quoi qu'il en soit, le carbure se trouve dès maintenant dans le commerce, au détail, à un prix inférieur à 1 franc le kilogramme, et il est à prévoir que ce prix diminuera de moitié à bref délai. A ce taux, l'acéty-

lène peut déjà lutter avantageusement avec les autres
modes d'éclairage, comme nous le verrons plus loin.

Mais il n'en est plus de même si l'on compare le prix
de la lumière à l'acétylène avec celle que produirait
l'énergie électrique employée à la fabrication du carbure, même par la vapeur. Nous venons de voir en
effet que le kilogramme de carbure ainsi produit coûte-
rait 0 fr. 48 + 0 fr. 16 = 0 fr. 64 le kilogramme. Les
300 litres d'acétylène produits donneraient environ
300 bougies-heures. D'autre part, l'énergie électrique
employée représente $\frac{388}{87,5}$ = 4,4 kilowatts-heures par
kilogramme de carbure. Cette quantité d'énergie, même
employée dans des lampes à incandescence donnant
une bougie pour 3 watts, fournirait $\frac{4400}{3}$ = 1.466 bougies-heures, c'est-à dire quatre fois plus de lumière
qu'en passant par le carbure.

PRODUCTION DE L'ACÉTYLÈNE PAR LE CARBURE
DE CALCIUM

Le carbure de calcium, mis en présence de l'eau à la température ordinaire, donne un abondant dégagement d'acétylène

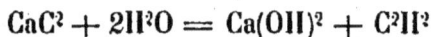

$$CaC^2 + 2H^2O = Ca(OH)^2 + C^2H^2$$

Le résidu de l'opération est de la chaux hydratée.

1 kilogramme de carbure pur est décomposé par 560 grammes d'eau pour donner 345 litres d'acétylène. Il reste 1.165 grammes de chaux hydratée.

En pratique, à cause des impuretés contenues dans le carbure industriel, on ne peut compter que sur 300 litres de gaz par kilogramme de carbure. Il contient donc 87 0/0 de carbure pur.

La facilité avec laquelle s'attaque le carbure a fait songer dès le début à construire des appareils produisant le gaz au fur et à mesure des besoins : en réalité, c'est un problème plus difficile qu'on ne l'avait prévu tout d'abord.

La première idée qui s'offre à l'esprit est de construire un appareil formé d'une cloche analogue à celle du briquet à hydrogène, dans laquelle le carbone se trouve placé. Cette cloche C, renversée sur un vase plein d'eau, est pourvue à sa partie supérieure d'un robinet R destiné à régler l'écoulement du gaz (*fig.* 5).

Ce robinet étant fermé, la production d'acétylène doit s'arrêter aussitôt que l'eau est descendue au-dessous du niveau du carbure P. Si l'on ouvre le robinet, l'eau monte dans la cloche, et le dégagement doit ainsi se régler de lui-même suivant les besoins, jusqu'à épuisement du carbure.

Si l'on construit un appareil de ce genre, on constate tout d'abord qu'il est nécessaire de laisser au-dessous ou au-dessus du carbure

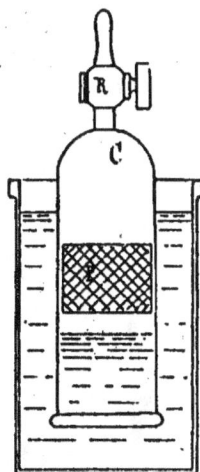

Fig. 5.

un espace assez grand pour servir de gazomètre, car le carbure mouillé continue à dégager de l'acétylène lorsque l'eau est descendue au-dessous de lui, et le gaz ne tarderait pas à s'échapper par le bord de la cloche[1].

---

[1] C'est surtout vers la fin de l'opération que cet effet est sensible. La chaux formée absorbe une grande quantité d'eau, et, chaque fois que le liquide vient en contact avec le carbure, il se produit un dégagement abondant, qui continue longtemps après que l'eau est descendue.

En outre, si l'on ferme complètement le robinet, et qu'on abandonne l'appareil à lui-même, on constate qu'un dégagement très lent, il est vrai, continue à se produire, probablement sous l'action de la vapeur d'eau.

Enfin, si, après un intervalle de repos de l'appareil, on ouvre le robinet, l'eau monte et n'attaque pas immédiatement le carbure, celui-ci étant protégé par une couche de chaux; mais bientôt après, cette couche étant traversée, il se produit un dégagement tumultueux, et par suite une grande variation de pression.

En un mot, l'appareil convenablement construit fonctionne d'une façon régulière si le débit est continu, mais laisse à désirer lorsqu'on ne l'emploie que par intermittences.

Fɪɢ. 6. — Lampe de M. Trouvé.

Il est possible de construire des appareils sur ce principe, et ils donnent des résultats satisfaisants à cette condition de leur demander autant que possible

de dégager en une seule fois, ou au moins à des inter-
valles très rapprochés, la quantité de gaz qu'ils sont
susceptibles de produire.

M. O' Conor a décrit dans
le *Scientific American* un
appareil d'amateur, dans
lequel la cloche est remplacée par un verre de lampe.

M. Trouvé a perfectionné
l'appareil à production automatique, et construit des
lampes portatives, de la
façon suivante. Le carbure
est dans le panier par couches
successives, séparées par
des rondelles de verre. La
cloche n'a qu'une ouverture
de petite dimension à sa
partie inférieure, de façon
à éviter l'arrivée brusque
du liquide. Enfin, le gaz
traverse un sécheur placé à
la partie supérieure de la
cloche.

FIG. 7. — Lampe de M. Trouvé.

Les figures 6 et 7 montrent
deux modèles de ces lampes portatives. Le disque que
l'on voit au-dessus du panier sert à arrêter les goutte-
lettes d'eau projetées.

Dans les premiers appareils de M. Trouvé le sécheur était constitué par le dispositif que montre la figure 8. Le gaz entrant par le tube *a* passait dans un second tube *b*, concentrique au premier, par une série d'ouvertures *o*; l'eau condensée s'écoulait par le tube *b*, qui formait siphon aussitôt qu'une petite quantité d'eau s'y était condensée.

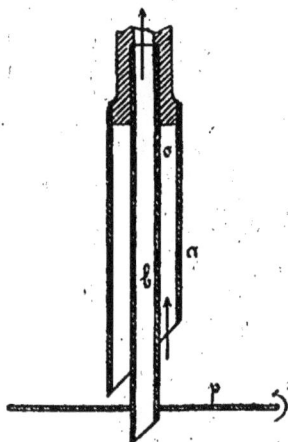

Fig. 8.

Dans les appareils plus récents de M. Trouvé le sécheur est constitué par une boîte qui a la forme de deux cônes accolés par leurs bases, et remplie de perles. Le gaz humide traverse cet amas de perles, et y dépose l'eau entraînée, qui retombe à l'intérieur de la cloche.

M. Trouvé a également construit des appareils portatifs dans lesquels le générateur est séparé du brûleur. Le vase qui contient l'eau est une sorte de seau entouré de baguettes de bois demi-cylindriques, qui servent à le protéger des chocs. Une anse sert à le porter à la main. Le brûleur est réuni à cet appareil par un tube de caoutchouc. Ce brûleur est, du reste, entièrement simple et très léger. Il est renfermé dans une lanterne en toile métallique qui peut soit être tenue à la main, soit être suspendue au générateur (*fig.* 9).

M. H.-F. Fuller a construit, en Amérique, un appareil à acétylène qui diffère des précédents par un certain nombre de dispositifs particuliers. Cet appareil est représenté, d'après le *Scientific American*, par les figures 10 et 11. Il se compose d'un réservoir à eau sur lequel est renversée une cloche à la partie supérieure de laquelle s'adapte, par un joint hydraulique, une deuxième cloche plus petite qui supporte le panier à carbure. Le fonctionnement est toujours le même que celui du briquet à hydrogène, c'est-à-dire que l'eau descend dans la cloche au fur et à mesure du dégagement, et met ainsi le carbure à découvert ; mais, si la production devient trop considérable, la cloche elle-même se soulève en formant gazomètre. Le petit récipient qu'on voit sur le côté droit du générateur est un condenseur à surface, refroidi par de l'eau,

Fig. 9.
Générateur portatif de M. Trouvé.

dans lequel se dépose l'eau entraînée. L'une des figures
représente l'appareil appliqué à une lanterne à projection; l'autre le montre employé à des travaux de micro-
graphie.

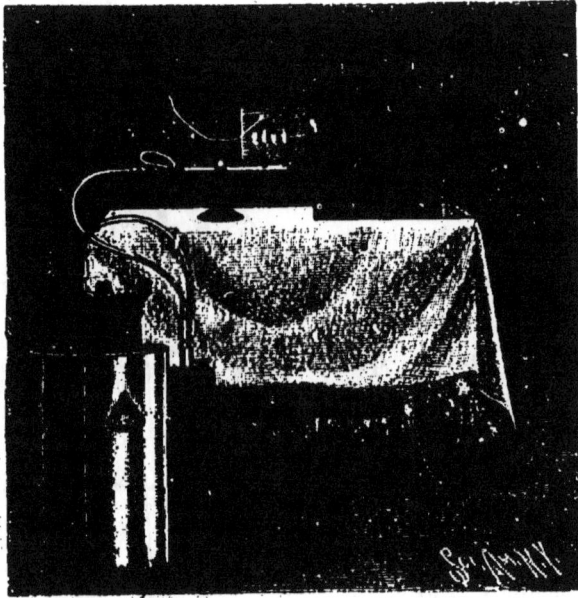

Fio. 10. — Appareil Fuller.

On peut aussi construire un appareil dont le fonctionnement est très satisfaisant, en disposant le carbure au
fond d'un flacon, dans lequel on fait couler goutte à
goutte de l'eau. Mais cet appareil ne peut évidemment

servir que pour un débit régulier, pour une lampe à projection, par exemple.

Fig. 11. — Appareil Fuller.

Un appareil à production continue, très simple à construire, a été décrit dans le *Scientific American* par M. T. O' Conor Sloane.

Cet appareil (*fig.* 12) comprend un gazomètre AB

formé de deux boîtes rectangulaires en fer-blanc, de 12 à
15 litres de capacité.

La boîte extérieure forme la cuve à eau. La boîte
intérieure, renversée sur celle-ci, forme la cloche du

Fio. 12.

gazomètre; ses bords sont lestés par une bande de plomb.

Elle est partiellement équilibrée par un petit vase P,
contenant de l'eau et muni d'une tubulure à sa partie
inférieure. Un tube de caoutchouc relie cette tubulure

à la partie inférieure d'un flacon F à large ouverture, dans lequel est suspendu le panier de carbure. Ce panier peut en contenir 250 grammes environ, et est soutenu par une tige, qui traverse le bouchon. Ce même bouchon est traversé par un tube à dégagement, qui se raccorde au tube TT' d'arrivée du gaz dans la cloche. Des pinces D et E permettent de fermer, au besoin, les tubes de caoutchouc, et de séparer le flacon E pour le charger à nouveau.

La longueur de la ficelle qui soutient le panier P est telle que, la cloche B étant complètement enfoncée, l'eau arrive dans le flacon F un peu au-dessous du carbure.

Pour mettre l'appareil en marche, on abaisse légèrement le panier dans le flacon F à l'aide de sa tige ; le dégagement commence, la cloche se soulève, le vase P descend, amenant l'eau au-dessous du carbure, de sorte que l'action cesse. Si l'on consomme alors du gaz, le panier P remontera, amènera de nouveau l'eau au contact du carbure, de sorte qu'il y aura production d'une nouvelle quantité de gaz.

Le tube $T_1T'_1$ amène l'acétylène aux brûleurs.

MM. Leroy et Janson ont imaginé un appareil à production automatique comprenant un gazomètre et un gazogène, dont la disposition est la suivante:

Le gazomètre (fig. 13) est un gazomètre à cloche ordinaire. Le gazogène est formé d'un vase dont le couvercle peut s'enlever pour introduire une certaine quantité de carbure, qui se trouve contenue dans un

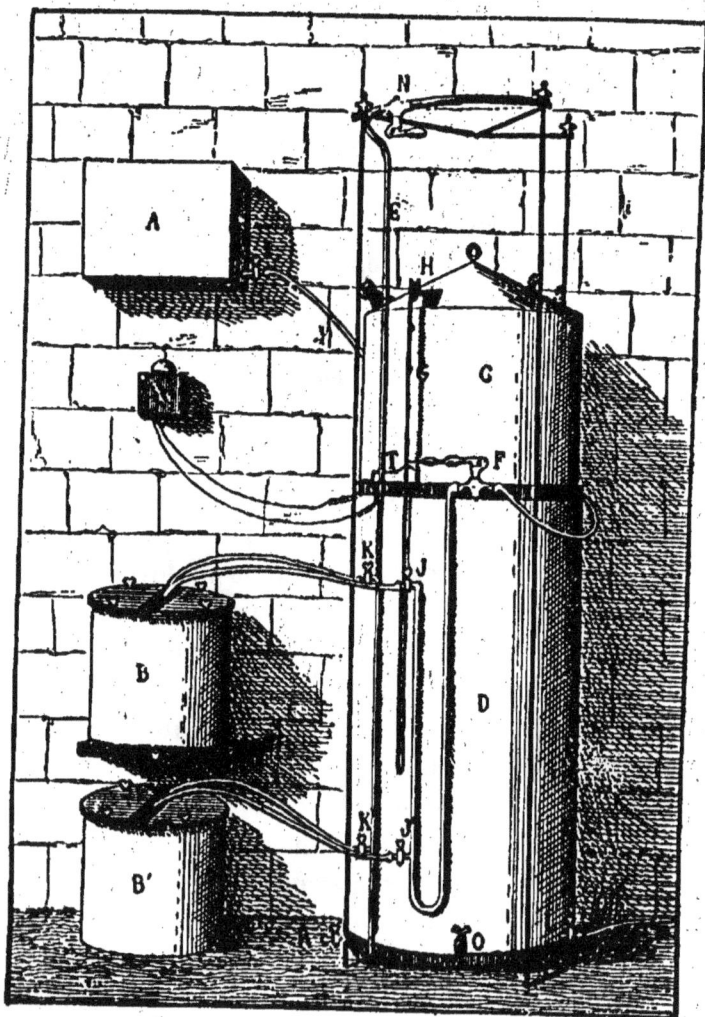

FIG. 13. — Appareil Leroy et Janson.

panier. Deux tubes pénètrent dans ce gazogène : l'un sert à l'amenée de l'eau, l'autre au dégagement du gaz.

L'appareil comprend, en réalité, deux gazogènes BB', de façon qu'on puisse charger l'un pendant que l'autre est en service. Des robinets KJ, K'J' servent, à cet effet, à les isoler l'un ou l'autre.

L'eau est contenue dans un réservoir A, et son arrivée dans le gazogène est réglée par une soupape F que manœuvre la cloche du gazomètre par une pièce G munie de quatre crans.

Lorsque le carbure contenu dans le gazogène est épuisé, l'arrivée de l'eau n'a plus aucun effet, et la cloche continue à descendre. Elle vient alors établir un contact qui envoie un courant électrique dans une sonnerie S, et on est ainsi averti qu'il est temps de mettre en fonction le second gazogène.

Le tuyau d'arrivée de gaz se prolonge en E jusqu'à un robinet de sûreté N, qui s'ouvre sous l'action du taquet H pour laisser échapper l'excès de gaz produit, si, par exemple, le robinet F vient à fuir.

Le gaz sort de l'appareil par le robinet L, et le robinet O sert à vider l'eau du gazomètre.

La figure 14 montre, d'après le *Scientific American*, un appareil à dégagement automatique qui a figuré à l'Exposition d'Atlanta en 1895. C'est un appareil qui, comme les précédents, a la forme du briquet à hydrogène. Le carbure est contenu dans un panier conique,

dont la hauteur est réglable de l'extérieur. L'introduc-
tion du carbure se fait par le bouchon qu'on voit à
la partie supérieure de la cloche. Le bouchon inférieur
sert à l'extraction de la chaux formée. Pour remédier

Fig. 14.

aux variations de pression, on a intercalé un régulateur
entre le gazogène et les brûleurs.

MM. Ducretet et Lejeune ont construit des appareils
producteurs d'acétylène, destinés à remplir soit des

gazomètres, soit des récipients à pression. Ces appareils sont formés d'un réservoir résistant, contenant le carbure de calcium. L'eau provenant, d'un vase placé à un niveau supérieur, arrive à la partie inférieure du carbure, par une soupape que manœuvre un diaphragme métallique qui obéit à la pression intérieure. Dans le cas où l'appareil doit fournir du gaz sous pression, la partie supérieure du réservoir à eau est en communication avec l'appareil à dégagement, de façon à maintenir la même pression dans l'ensemble.

Les mêmes constructeurs ont imaginé un appareil portatif dans lequel l'arrivée de l'eau se fait sous l'action du poids du liquide, par une soupape qui se ferme dès que la pression intérieure dépasse la pression de l'eau.

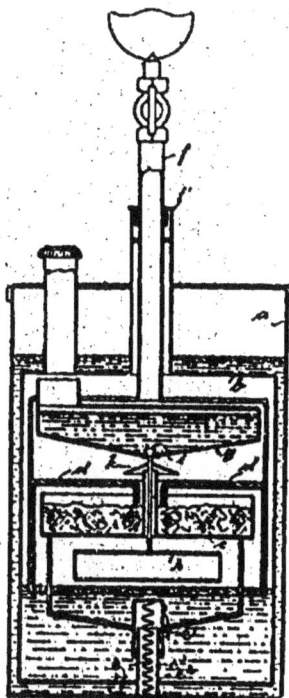

Fig. 15.

Le réservoir qui contient le carbure est construit de façon à pouvoir supporter une pression de plusieurs atmosphères, et la pression à la sortie du gaz est réglée par un détendeur.

M. Bullier a imaginé une lampe portative qui repose sur un principe analogue.

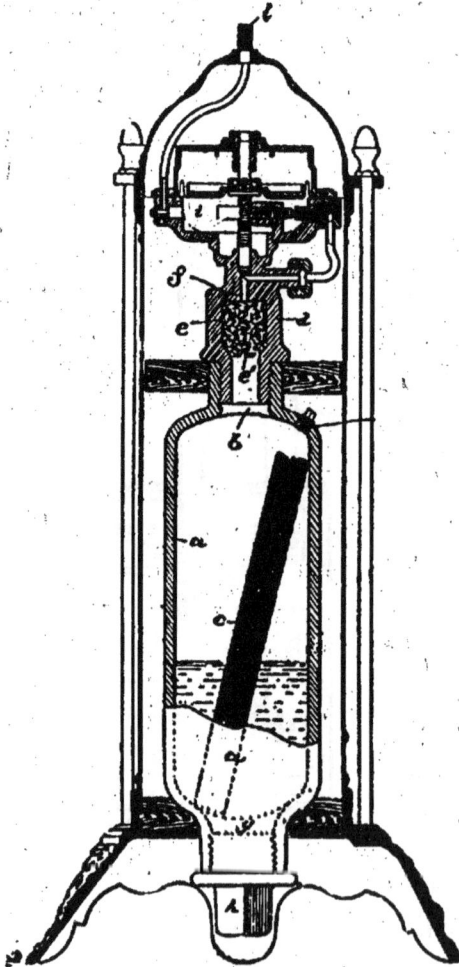

La lampe de M. Rossbach-Rousset (1895) comprend un système générateur d'acétylène dans lequel la production (*fig.* 15) est, comme dans les appareils précédents, réglée par l'arrivée de l'eau sur le carbure. Cette eau est amenée par des mèches; mais un dispositif permet de faire arriver par une soupape l'eau supplémentaire qui serait nécessaire pour un plus grand débit. Le carbure est en c, dans un panier; dd sont les mèches, i est une soupape commandée par le flotteur h, et qui sert à amener le supplément d'eau; un

Fig. 16.

côno *k* distribue cette eau sur les mèches, qui à leur tour l'amènent au contact du carbure. Celui-ci est pressé contre les mèches par le ressort *e*. On voit que, lorsque la production de gaz dépasse la consommation, l'eau est refoulée à l'extérieur du vase *b*, et que, le flotteur descendant, la soupape *i* se ferme. Si la production est encore trop grande, l'eau descend au-dessous du niveau des mèches, et, par suite, ne peut plus arriver au carbure. Le tube *f*, qui passe dans un presse-étoupes, peut d'ailleurs être soulevé pour sortir immédiatement les mèches de l'eau, lorsqu'on cesse de se servir de l'appareil.

M. E.-G. Gearing (1895) a construit un appareil générateur d'acétylène dont le fonctionnement est très simple. Il se compose d'un réservoir résistant *a*, dans lequel on introduit l'eau et un fragment de carbure *e*. Le gaz s'accumule sous pression, et un détendeur *i* en règle la sortie. Le bouchon *g*, à la partie inférieure de l'appareil, sert à introduire l'eau et le carbure, et à vider l'appareil (*fig.* 16).

Les difficultés qu'on rencontre dans la construction d'appareils automatiques à acétylène, à régulation par l'eau, ont conduit plusieurs inventeurs à combiner des appareils dans lesquels c'est, au contraire, l'eau qui est toujours en excès, le carbure étant amené au fur et à mesure des besoins.

M. Maréchal a imaginé une lampe de ce genre, dans laquelle le carbure, contenu dans une trémie, est introduit par une sorte de robinet à cuvette. La pression du gaz, agissant sur un piston, détermine la rotation de ce robinet et, par suite, la chute du carbure.

M. Reyval[1] décrit également une lampe, l' « Automatique », formée d'un réservoir à eau, au-dessus duquel se trouve un récipient à carbure en forme de cône renversé. Le carbure est en grains fins, et une soupape qui ferme le sommet du cône règle à volonté la chute du carbure. Cette soupape est solidaire d'une membrane en caoutchouc qui ferme le vase à sa partie supérieure, et qui est appuyée par un ressort. Lorsque la pression intérieure a atteint une certaine valeur, la membrane, en se soulevant, ferme la soupape à carbure. La pression diminuant, la membrane s'abaisse, ouvre de nouveau la soupape, et ainsi de suite.

Les appareils à production automatique ont l'avantage d'occuper très peu d'espace en raison du débit considérable qu'ils peuvent donner; mais il est difficile d'en obtenir une pression rigoureusement constante, et difficile surtout d'éviter l'élévation de température et les entraînements d'eau qui en sont la conséquence.

L'appareil automatique muni d'un gazomètre possède déjà une grande supériorité sur les précédents; mais le gazomètre pur et simple est encore le moyen le plus pratique d'obtenir sous pression constante un gaz froid

---

[1] J. Reyval, *L'éclairage de demain*, — *L'acétylène*. Paris, 1896.

et ne contenant pas d'eau entraînée, si l'on a soin de préparer le gaz et de le laisser séjourner dans le gazomètre un certain temps avant de l'employer.

Le gazomètre ne nécessite aucun dispositif particulier : il doit être chargé de façon à donner la pression convenable (10 à 20 centimètres d'eau, par exemple) et être de préférence monté en plein air, ou du moins dans un local très aéré de façon à ce qu'en cas de fuite ou de trop-plein le gaz puisse s'échapper dans l'atmosphère.

Pour remplir le gazomètre, on peut employer un appareil analogue à un appareil à chlore, c'est-à-dire un récipient pourvu d'un tube à dégagement et d'un tube en S par lequel on fait couler peu à peu l'eau provenant d'un réservoir supérieur. On détermine d'ailleurs le poids de carbure à introduire dans le récipient, d'après la capacité du gazomètre.

On peut imaginer, dans le même ordre d'idées, un grand nombre de dispositifs différents.

Nous ne décrirons que les appareils de M. Trouvé, qui sont étudiés de façon à rendre la manœuvre simple et pratique, ce qui est un point assez important pour des appareils destinés à être, le plus souvent, mis entre les mains de personnes inexpérimentées.

Le gazomètre (*fig.* 17) est formé d'une cuve en tôle d'acier, renfermant la cloche, également en tôle d'acier étamée. Celle-ci est guidée par une tige centrale fixe, qui traverse un tube soudé, d'une part, au fond supérieur de la cloche, d'autre part à un croisillon monté

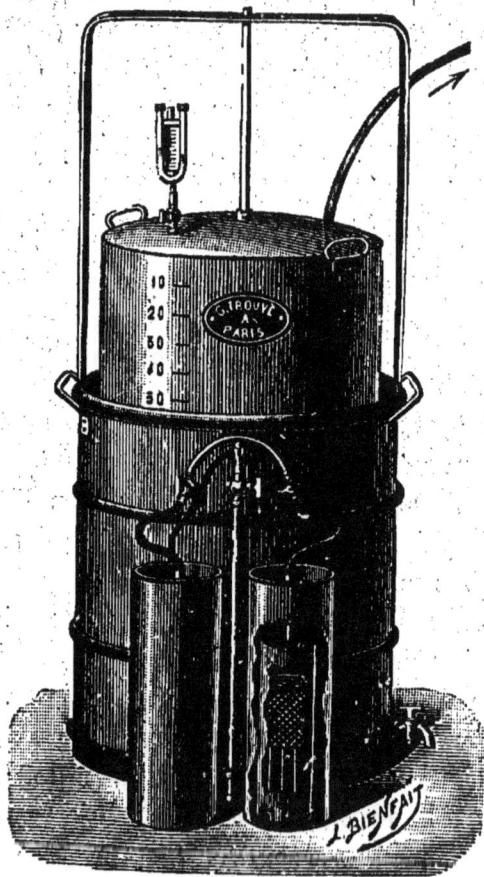

Fɪɢ. 17. — Appareil de M. Trouvé.

au bord inférieur. L'extrémité inférieure de ce tube est
un peu plus haute que le bord de la cloche, de sorte

que le gaz s'y dégage si le gazomètre vient à être trop rempli.

Fıg. 18. — Appareil double de M. Trouvé.

Le bord inférieur de la cloche est lesté de poids réglés, de façon que la pression soit 10 centimètres d'eau. Deux tubes qui remontent à l'intérieur de la cloche se terminent, l'un par un robinet double, l'autre par un robinet et un raccord pour la canalisation.

Le premier sert au remplissage, qui s'effectue à l'aide d'un appareil à cloche renversée, que l'on voit en coupe sur la figure. Cette cloche est en zinc, et est fermée à sa partie inférieure par un couvercle percé d'un trou. Le carbure y est introduit dans un panier en toile métallique, que des pieds maintiennent à distance du fond.

Il est préférable de charger le gazomètre aussi long-temps que possible avant l'emploi du gaz (par exemple, le remplir le matin pour l'éclairage du soir), mais il est évident qu'on peut néanmoins le remplir pendant l'éclairage ; en disposant deux générateurs, comme il est indiqué sur la figure 17, on peut même obtenir un dégagement continu.

La figure 18 montre un appareil du même genre, mais comprenant deux gazomètres et permettant ainsi de remplir l'un pendant que l'autre est en service.

Il y a lieu de remarquer que la petite quantité d'air contenue dans le gazogène est envoyée au gazomètre au commencement de la préparation. Elle forme envi-ron 1/200 du volume total dégagé.

L'ACÉTYLÈNE COMME COMBUSTIBLE
ÉCLAIRAGE A L'ACÉTYLÈNE

Jusqu'à ces dernières années, on lisait dans tous les traités de chimie : « L'acétylène brûle avec une flamme fuligineuse », et en effet, si l'on allume ce gaz à l'ouverture d'une éprouvette, on constate qu'il donne lieu à une assez forte production de noir de fumée, et son pouvoir éclairant paraît médiocre.

Mais il en est tout autrement si on le brûle, sous une pression de quelques centimètres d'eau, dans un bec papillon, par exemple. Si l'on place côte à côte deux becs semblables alimentés, l'un par du gaz d'éclairage, l'autre par de l'acétylène sous la même pression, le premier est, pour ainsi dire, invisible auprès du second.

L'acétylène convenablement brûlé donne environ vingt fois plus de lumière que le gaz d'éclairage, à volume égal : le carcel-heure peut être obtenu avec 5 à 6 litres de gaz dans les gros becs, et 7 à 8 litres dans les becs de petite dimension.

Les becs papillon ordinaires, ou le bec Manchester, peuvent servir à brûler l'acétylène, mais les becs construits pour le gaz sont d'un trop fort débit pour les usages ordinaires.

M. Trouvé a construit des becs spéciaux pour les divers usages. Ces becs sont en stéatite ou en verre.

Les figures 19, 20, 21 montrent des becs-bougie, consommant de 1 à 5 litres à l'heure.

Les figures 22, 23, 24 et 25 représentent divers becs papillon, dans lesquels M. Trouvé a cherché à réaliser des flammes se rappro- chant autant que possible de la forme circulaire. La forme ordinaire des flammes de gaz, en forme de crois- sant très allongé, est en effet moins favorable à un bon rendement, et envoie laté- ralement des gaz chauds qui obligent à choisir des globes de grandes dimensions pour entourer la flamme. M. Trouvé est arrivé à une flamme sensiblement circu- laire en donnant, à la fente par où sort le gaz, une hauteur appropriée en chaque point. Autrement dit, il travaille minutieuse-

Fig. 19, 20, 21.

Fig. 22.

ment l'intérieur des becs (ces becs sont en stéatite)
de façon à obtenir un profil intérieur déterminé : c'est
donc par la résistance opposée au passage du gaz en
chaque point que se trouve donnée la forme de la
flamme.

La figure 26 représente un bec de 40 à 50 carcels,
destiné aux projections. Le gaz s'y échappe par une
couronne circulaire percée de très petits trous. La cheminée qui surmonte la
lampe ne sert qu'à limiter
la partie utile de la flamme.

La construction des becs à
acétylène n'est pas sans pré-
senter quelques difficultés :
un bec à trop grande ou-
verture donne une flamme
fuligineuse. On peut la
rendre plus éclairante et
éviter le dépôt de noir de
fumée, en mélangeant d'air
l'acétylène, par un dispositif
analogue à celui des brû-

Fig. 23.

leurs Bunsen. Divers expérimentateurs ont con-
seillé également de mêler à l'acétylène, dans le gazomètre, soit de l'air, soit un gaz inerte comme l'acide
carbonique.

Mais tous ces artifices sont inutiles avec des becs
convenablement construits, si l'on maintient l'acétylène

sous une pression convenable, comprise entre 10 et 30 centimètres d'eau.

Cette pression, plus élevée que celle des conduites ordinaires de gaz, présente d'ailleurs divers autres avantages : elle permet d'employer des tubes de très faible

Fig. 24.

diamètre et assure, en outre, à la flamme une grande fixité, la rendant très difficile à souffler.

Les becs métalliques ont donné lieu à de nombreux mécomptes : ils s'échauffent facilement et s'encrassent par suite de la formation de produits polymères de l'acétylène.

La pureté du gaz paraît influer d'une façon sensible

sur le bon fonctionnement des becs, et ce fait est de
nature à faire recommander les appareils à gazomètre,
où l'acétylène reste longtemps en contact avec l'eau,
de préférence aux appareils à dégagement automatique
et à utilisation directe, où le gaz entraîne immédiatement, outre des particules d'eau, toutes les impuretés
dont il peut être chargé.

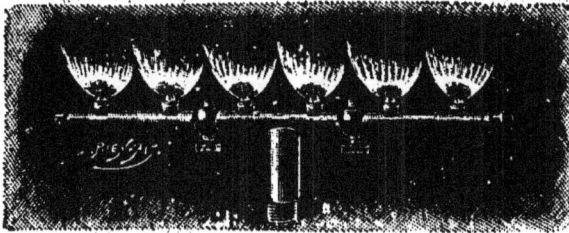

Fig. 25.

La température d'inflammation de l'acétylène est de
480°, alors que pour la plupart des autres gaz elle est
de 600°. M. Coldwell a remarqué que l'acétylène peut
prendre feu aussi facilement que l'hydrogène, à travers
la toile métallique d'une lampe Davy.

L'acétylène brûlé avec son volume d'oxygène donne,
d'après M. Le Chatelier, une température de 4000° environ, en raison de sa composition endothermique. Celle
du mélange oxhydrique n'est que de 3000°.

Quelle est la cause de l'éclat de la flamme de l'acétylène? Selon toute probabilité, c'est à la fois sa température élevée et la grande quantité de carbone qu'il

renferme. Une flamme d'hydrocarbure quelconque est
constituée par une gaine de gaz en combustion non lumineuse, qui échauffe le gaz à l'intérieur de cette gaine
et le décompose. Les par-
ticules de charbon ainsi
mises en liberté sont
chauffées à une tempéra-
ture élevée, partie par
combustion directe, partie
par la gaine extérieure et,
si la combustion est com-
plète, l'éclat de la flamme
sera d'autant plus grand
que la température sera
plus élevée, et la quantité
de charbon en présence,
plus grande (Smithells).

M. Violle a employé
la flamme de l'acétylène
comme étalon de lumière:
le gaz est brûlé sous une
pression de 30 centi-

Fig. 26.

mètres d'eau dans un bec de 100 bougies, consommant
58 litres à l'heure. Une portion de la flamme, bien
définie et limitée par un écran, forme une source lumineuse très appropriée aux mesures photométriques.

M. Gréhant [1] a cherché à se rendre compte si les pro-

[1] Comptes rendus de l'Académie des Sciences, t. CXXII, p. 832.

duits de la combustion de l'acétylène ne contenaient pas de gaz combustible renfermant du carbone : ce renseignement est intéressant au plus haut point, car la présence de l'oxyde de carbone, par exemple, constituerait un réel danger, par suite de son action toxique.

A cet effet, il a placé au-dessus d'un bec Manchester, un cylindre métallique vertical, mis en communication avec un réfrigérant à eau froide et un gazomètre aspirateur. Les produits de la combustion, mélangés d'air, étaient ainsi recueillis, puis soumis à l'analyse par l'eau de baryte.

Le rapport $\dfrac{CO^2}{O}$ a été trouvé égal à 0,82. Comme 1 volume d'acétylène se combine avec $2^{vol},5$ d'oxygène pour donner 2 volumes d'acide carbonique, la valeur théorique de $\dfrac{CO^2}{O}$ est 0,8, et il y avait lieu de penser, par suite, que la combustion était complète.

M. Gréhant s'en est assuré directement par deux procédés :

1° Il a fait passer pendant deux heures, dans une ampoule de verre contenant une spirale de platine portée au rouge par un courant électrique, 1.300 centimètres cubes de gaz recueilli. Un tube à baryte placé après l'ampoule n'a donné qu'une si faible trace de carbonate de baryte, qu'il était impossible de la doser ;

2° Il a fait respirer à un chien, à l'aide d'une muselière à soupapes, les produits de la combustion, préalablement refroidis, d'un bec à acétylène, puis a analysé au grisoumètre le sang artériel au commencement et à la fin de l'expérience. Au commencement, il a obtenu une réduction de 3,7 divisions et, au bout d'une demi-heure, 3,8 divisions.

M. Gréhant en a conclu qu'il est possible de brûler l'acétylène sans que les produits de la combustion renferment la moindre trace de gaz combustible contenant du carbone.

L'acétylène brûle complètement avec une quantité minima d'oxygène égale à deux fois et demie son volume, ou une quantité minima d'air égale à douze fois et demie. Mais il est nécessaire d'augmenter cette proportion pour obtenir l'éclat maximum de la flamme.

M. Gréhant a essayé des mélanges détonants d'acétylène et d'air, avec des proportions d'air variant entre 1 et 25 volumes. Il a trouvé que la détonation la plus forte se produisait avec 1 volume d'acétylène et 9 volumes d'air. L'explosion est très violente, et il y a lieu par suite, dans la manipulation de l'acétylène, d'éviter avec soin les mélanges détonants qu'il peut former avec l'air.

Le *Journal of gas lighting*, du 5 mai 1896, rapporte un cas d'explosion spontanée d'une cloche gazogène, dans laquelle l'acétylène était produit par l'action de l'eau sur du carbure contenu dans un panier sur le côté de la cloche. Selon toute probabilités, le mélange d'acétylène et d'air que contenait l'appareil au début de l'opération a été enflammé par de l'hydrogène phosphoré provenant des impuretés du carbure de calcium.

Les phénomènes qui accompagnent la combustion de l'acétylène ont été étudiés, en 1895, par M. Le Chatelier.

Les mélanges d'acétylène et d'air contenant moins de 7,74 0/0 d'acétylène du volume total, brûlent en donnant une flamme jaunâtre peu éclairante. Les produits de la combustion sont de l'eau et de l'acide carbonique.

Entre 7,74 et 17,37 0/0, la flamme est bleu pâle. Les produits de la combustion sont de l'eau, de l'acide carbonique, de l'oxyde de carbone et de l'hydrogène.

Au-dessus de 17,37 0/0, la réaction est incomplète, et il se forme de l'oxyde de carbone, de l'hydrogène et du charbon, en même temps qu'on retrouve de l'acétylène non brûlé. A partir de 20 0/0, la précipitation de charbon (noir de fumée) est très nette. La flamme est alors lumineuse, et de plus en plus fuligineuse au fur et à mesure que la proportion d'acétylène augmente.

Les limites d'inflammabilité sont les suivantes :

	Avec l'oxygène.	Avec l'air.
Limite supérieure	2,8 0/0	2,8 0/0
— inférieure	93	65

Dans les tubes, les limites se resserrent au fur et à

mesure que le diamètre diminue. Voici les principaux
résultats observés :

Il n'y a aucun mélange d'air et d'acétylène dont la
flamme puisse se propager dans un tube plus petit que
1/2 millimètre [1].

Dans un tube de 1 millimètre, les mélanges les plus
combustibles seuls peuv nt se propager :

DIAMÈTRE DES TUBES	LIMITE D'INFLAMMABILITÉ	
	INFÉRIEURE	SUPÉRIEURE
$0^{mm},5$	»	»
0 8	7,7 0/0	10 0/0
2	5	15
4	4,5	25
6	4	40
20	3,5	55
30	3,1	62
40	2,9	64

La vitesse de propagation dans un tube de 40 millimètres est de $0^m,10$ par seconde pour le mélange
limite de 2,9 0/0 ; elle croît rapidement jusqu'à 8 0/0,
où elle atteint 5 mètres ; à 9 ou 10 0/0 elle est de
6 mètres (valeur maxima) ; puis elle décroît rapidement

[1] Cette observation fournit un moyen simple d'éviter toute explosion
dans les appareils où l'acétylène peut se trouver mélangé avec de l'air :
il suffit d'intercaler sur le trajet du gaz un faisceau de tubes de
1/2 millimètre.

jusqu'à 22 0/0, où elle n'est plus que de $0^m,40$; enfin, elle décroît lentement jusqu'à la limite de 64 0/0, où elle est de $0^m,05$.

Le maximum de vitesse est donc obtenu avec un excès d'acétylène par rapport à l'oxygène disponible.

———

APPLICATIONS DIVERSES

L'application de l'acétylène à l'éclairage est jusqu'ici la seule qu'on puisse considérer comme entrée dans la pratique, mais un grand nombre d'autres applications sont en projet.

INDUSTRIES CHIMIQUES. — C'est ainsi que l'acétylène pourrait être le point de départ d'une foule d'industries chimiques, en permettant de reconstituer par synthèse un grand nombre de composés organiques.

L'alcool, par exemple, peut être préparé de la façon suivante en partant de l'acétylène :

En faisant agir l'hydrogène naissant sur l'acétylène, on obtient l'éthylène C^2H^4, qui ne diffère de l'alcool C^2H^5OH que par H^2O. Si l'on met en effet en contact l'éthylène avec de l'acide sulfurique concentré, en agitant pendant quelque temps, le gaz est absorbé, et il se forme de l'acide sulfovinique $CH^3 — CH^2 — O — SO^3H$, qui, distillé avec de l'eau, se dédouble en C^2H^5OH (alcool) et SO^4H^2 (acide sulfurique).

L'éthylène nécessaire à cette préparation peut être obtenu directement en faisant agir le carbure de calcium mélangé de grenaille de zinc sur l'eau acidulée par de l'acide sulfurique. On pourrait également obtenir l'hydrogénation de l'acétylène par voie électrolytique.

M. N. Caro a indiqué (1895) un autre mode de préparation qui est le suivant : on fait passer l'acétylène à travers des flacons de Wolf contenant de l'acide iodhydrique concentré. Il se forme CH^3CHI^2. En chauffant ensuite avec de la potasse, une partie de l'acétylène est régénérée, et le reste (45 0/0 environ) est transformé en alcool éthylique et acétate de potassium, l'acétaldéhyde étant formée, en apparence, comme produit intermédiaire. En employant de l'oxyde d'argent humide, au lieu de la potasse, il n'y a qu'une petite quantité d'acétylène régénérée. M. Caro a obtenu un rendement de 70 0/0 en opérant en petit, et en enlevant l'acide iodhydrique par de l'oxyde de zinc et de la poudre de zinc; mais alors le produit coûteux, l'acide iodhydrique, ne peut être régénéré.

L'acide oxalique, l'acide acétique peuvent également être obtenus à l'aide de l'acétylène. Nous avons vu que le premier se forme par oxydation directe de l'acétylène. Quant à l'acide acétique, M. Berthelot l'a obtenu, en 1869, en chauffant le protochlorure d'acéty-

lène, soit avec de la potasse aqueuse à 230°, soit avec
de la potasse alcoolique à 100° pendant dix heures. Il
se forme de l'acétate de potasse :

$$C^2H^2Cl^2 + 3KOH = C^2H^3O^2K + 2KCl + H^2O$$

La benzine C^6H^6 peut également se préparer à l'aide
de l'acétylène, qu'il suffit de chauffer. L'aniline peut
à son tour être obtenue à l'aide de la benzine, et l'acétylène pourrait ainsi devenir la base de l'importante
industrie des matières colorantes.

O. Witt a proposé un procédé de cémentation par
l'acétylène. Il suffirait en effet de chauffer une plaque
de fer dans l'acétylène pour la carburer superficielle-
ment.

L'acétylène peut enfin être utilement employé pour
enrichir le gaz d'éclairage et augmenter son pouvoir
éclairant. Il semble d'ailleurs que pour cet usage on
puisse préparer directement l'acétylène par synthèse
sans passer par le carbure de calcium, et enrichir
directement du gaz à l'eau, par exemple, en faisant
passer directement soit ce gaz, soit de l'hydrogène pur,
dans l'arc électrique.

FORCE MOTRICE. — L'application de l'acétylène à la
production de la force motrice a été proposée fréquem-
ment, depuis que ce gaz est devenu un produit industriel.

Le Dr Frank, de Charlottenbourg, le considère

comme un excellent intermédiaire pour le transport
de l'énergie des forces naturelles, au lieu où elle doit
être utilisée, ou plus exactement c'est le carbure de
calcium qu'il considère comme tel. Le volume du
carbure de calcium est en effet environ deux fois
moindre que celui de l'acétylène (supposé liquéfié),
auquel il donne naissance. Il est vrai qu'il est environ
trois fois plus lourd; mais il peut être transporté dans
des récipients minces et rectangulaires, tandis que
l'acétylène à 50 atmosphères exige des vases épais et
de forme circulaire, remplissant mal l'espace dont
on dispose.

Il est facile de comparer le poids et le volume d'acétylène ou de carbure nécessaire pour remplacer une
quantité donnée de charbon. En admettant qu'une
bonne machine à vapeur consomme 800 grammes de
charbon à l'heure, 1 kilogramme de charbon, occupant
un volume d'un décimètre cube environ, fournira

$$\frac{1}{0,8} = 1,25 \text{ cheval-heure.}$$

Or, d'après Ihering et Slaby, la production d'un cheval-heure par l'acétylène exige $0^{kr},2$ d'acétylène, et, si
la densité de l'acétylène liquide (à 38°) est de 0,364, le
volume occupé sera d'un peu moins de $0^{l},55$.

Le carbure de calcium donnant naissance à cette quantité d'acétylène aurait un poids de 570 grammes et un
volume de $0^{l},26$ environ.

L'acétylène s'enflamme à très basse température et

paraît susceptible de s'appliquer facilement aux moteurs; le prix actuel du carbure de calcium le rend d'ailleurs applicable dès maintenant aux petites forces. D'après ce que nous avons vu plus haut, en effet, un cheval-heure demande environ 172 litres d'acétylène, soit 570 grammes de carbure industriel. Il est à prévoir que, sous peu, le prix de cette quantité de carbure ne sera pas plus élevé que celui d'un demi-mètre cube de gaz.

M. Félix Richard a projeté d'appliquer l'acétylène à la propulsion des voitures. L'appareil qu'il propose se compose d'un moteur à gaz alimenté par un générateur d'acétylène. Ce générateur est automatique et la production du gaz y est réglée par l'arrivée de l'eau. L'acétylène est produit sous une pression de quelques centimètres d'eau.

On manque encore de données pratiques bien précises sur la consommation des moteurs à acétylène. Certains expérimentateurs prétendent avoir obtenu le cheval-heure avec moins de 200 litres de gaz.

M. Ravel a obtenu, avec un moteur de 2 chevaux, le chiffre moyen de 460 litres par cheval effectif. La proportion d'acétylène était de 2,77 à 4,20 0/0 (vers 5 0/0 les explosions deviennent brisantes, et les pressions initiales très élevées). La compression était de 0,25 à 3 kilogrammes.

TABLE DES MATIÈRES

NUMÉROS	DATE	NOMS	TITRE DU BREVET
244.566	23 janvier	Bullier	Application de l'acétylène à la carburation de l'air et des gaz.
245.930	19 mars	Dickerson et Suckert.....	Perfectionnements dans les procédés et appareils propres à produire et à liquéfier le gaz acétylène.
246.000	21 mars	Bullier	Nouveau procédé permettant l'application pratique de l'acétylène et des gaz riches en carbone à l'éclairage et au chauffage.
246.768	20 avril	Bullier	Système de bec pour l'éclairage au moyen de l'acétylène et autres gaz riches en carbone.
248.896	5 juillet	E. Ducretet et L. Lejeune.	Gazomètre portatif destiné à la production et à l'utilisation du gaz acétylène.
249.116	23 juillet	Bichel et Schulte........	Procédé de fabrication du gaz acétylène non explosible, pour l'éclairage, le chauffage et l'allumage.
249.582	13 août	Jaquet	Aggloméré à base de carbure de calcium dit *Acétylène* permettant d'obtenir un gaz d'éclairage dit *Miacétylène*, ou acétylène carbonique.
249.645	16 août	Tiroloy................	Production automatique et régulière du gaz acétylène dans un petit gazomètre portatif ou fixe, par le carbure de calcium mis en présence de l'eau.
249.662	16 août	Buteaud	Système pour la production automatique de l'acétylène pour ses diverses applications.
249.892	26 août	Raidelet............	Application du carbure de calcium et du sulfo-carbure de calcium à la destruction des insectes nuisibles à l'agriculture.
250.440	7 septemb.	Campe................	Appareil producteur de gaz acétylène pour l'éclairage.
250.371	18 septemb.	Kaestner et Korth.......	Lampe à l'acétylène produisant elle-même son gaz.
250.783	7 octobre	Schneider.............	Procédé pour la réglementation de la production du gaz au moyen de carbure avec écoulement d'eau.
251.248	26 octobre	Trouvé	Système de lampe pour l'éclairage par l'acétylène.
251.399	2 novemb.	Mareschal	Système de lampe ou générateur à acétylène.
251.918	22 novemb.	Exley	Perfectionnements dans les appareils pour la production du gaz acétylène.
252.183	3 décemb.	Trouvé	Système de production continue et d'emmagasinage du gaz acétylène pur ou mélangé à d'autres gaz.
252.468	14 décemb.	Allemano	Appareil automatique pour la production du gaz acétylène du carbure de calcium prêt à être employé pour l'éclairage au fur et à mesure de la consommation.
252.553	17 décemb.	Clavreul et Guépin.......	Lampe pour l'éclairage à l'acétylène dite « lampe soleil ».
252.754	27 décemb.	Chassevant	Procédé permettant un dégagement régulier d'acétylène au moyen du carbure de calcium.
252.787	27 décemb.	Nou	Lampe portative à acétylène.

TOURS. — IMPRIMERIE DESLIS FRÈRES

www.ingramcontent.com/pod-product-compliance
Lightning Source LLC
Chambersburg PA
CBHW060625200326
41521CB00007B/902